21世纪普通高等院校规划教材——土木工程类

土建工程制图习题集

主　编　刘思颂

副主编　李　丽　　易　宁

西南交通大学出版社

·成都·

内 容 提 要

本习题集与刘思颂主编的高等院校土木类专业工程制图课程教材《土建工程制图》配套使用。

本习题集的内容编排与配套教材基本一致，主要内容包括：制图基本知识和技能，点、直线及平面的投影，投影变换，平面立体及其表面交线，曲线与曲面，曲面立体及其表面交线，组合体，轴测投影，标高投影，工程形体的表达方法，建筑施工图，结构施工图，给水排水施工图，道路路线工程图，桥梁隧道工程图，涵洞工程图，透视投影和计算机绘图等。

本书可作为高等院校土木工程、建筑工程、工程管理、环境工程、给水排水工程、测绘工程、城乡规划等专业的工程制图课程教材，也可供其他相关专业及工程技术人员参考。

图书在版编目（CIP）数据

土建工程制图习题集 / 刘思颂主编. —成都：西南交通大学出版社，2010.2（2018.2 重印）
21 世纪普通高等院校规划教材. 土木工程类
ISBN 978-7-5643-0573-4

Ⅰ. ①土… Ⅱ. ①刘… Ⅲ. ①建筑制图－高等学校－习题 Ⅳ. ①TU204-44

中国版本图书馆 CIP 数据核字（2010）第 024580 号

21 世纪普通高等院校规划教材——土木工程类
土建工程制图习题集
主编 刘思颂
*
责任编辑 孟苏成
封面设计 本格设计
西南交通大学出版社出版发行
四川省成都市二环路北一段 111 号西南交通大学创新大厦 21 楼
政编码：610031 发行部电话：028-87600564
http://www.xnjdcbs.com
四川森林印务有限责任公司印刷
*
成品尺寸：260 mm×185 mm 印张：7.875
字数：194 千字
2010 年 2 月第 1 版 2018 年 2 月第 3 次印刷
ISBN 978-7-5643-0573-4
定价：19.00 元

前　言

本习题集是根据工程图学教学指导委员会制定的高等学校“画法几何及土木建筑制图、计算机绘图课程教学基本要求”编写的，与刘思颂主编的《土建工程制图》教材配套使用（第二章未编写习题）。

本习题集采用了最新的技术制图、建筑制图、道路工程制图、计算机绘图等国家标准，结合教学实践和教学成果，由浅入深、由易到难，以训练和开发学生的空间想象能力和形象思维能力，使学生掌握识读、绘制工程图样的基本知识和基本技能，为后续课程的学习和培养工程素质奠定基础。

本习题集由刘思颂主编，李丽、易宁为副主编。参加编写工作的有刘思颂、李丽、易宁、邹功江、贾雨、王兴建、陈雪菱、申凤君、高涌涛、胡瑾、严丽娟。

本习题集在编写过程中得到了许多教师的帮助和支持，在此表示衷心的感谢。由于编者水平有限，书中疏漏和不足之处在所难免，恳请读者批评指正。

编　者

2010 年 1 月

目　　录

一、制图基本知识和技能

班级____________ 姓名____________ 学号____________ 评阅

1-1 汉字字体练习。

建 筑 土 木 制 图 民 用 工 业 房 屋 东 南 西 北

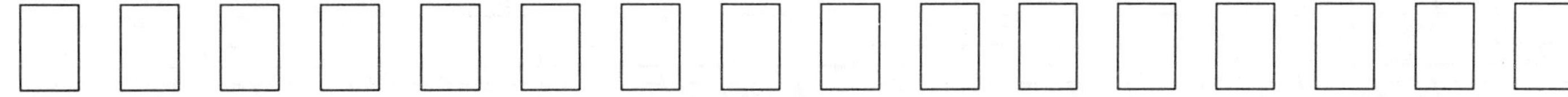

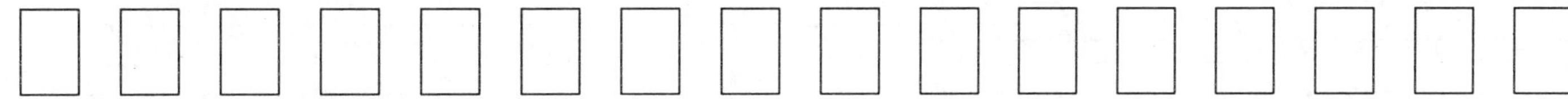

方 向 平 立 剖 详 基 础 墙 梁 柱 板 楼 梯 框 架

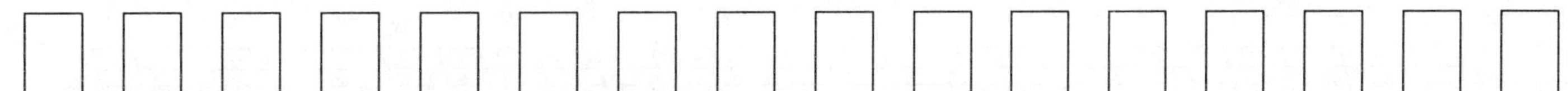

姓 名 审 核 比 例 学 校 专 班 级 结 构 门 窗 散 水 雨 蓬 钢 筋 混 凝 砂

1-2 字母及数字练习。

ABCDEFGHIJKLMNOPQRSTUVWXYZ
abcdefghijklmnopqrstuvwxyz
12345678901234567890 ∅ α β I II III

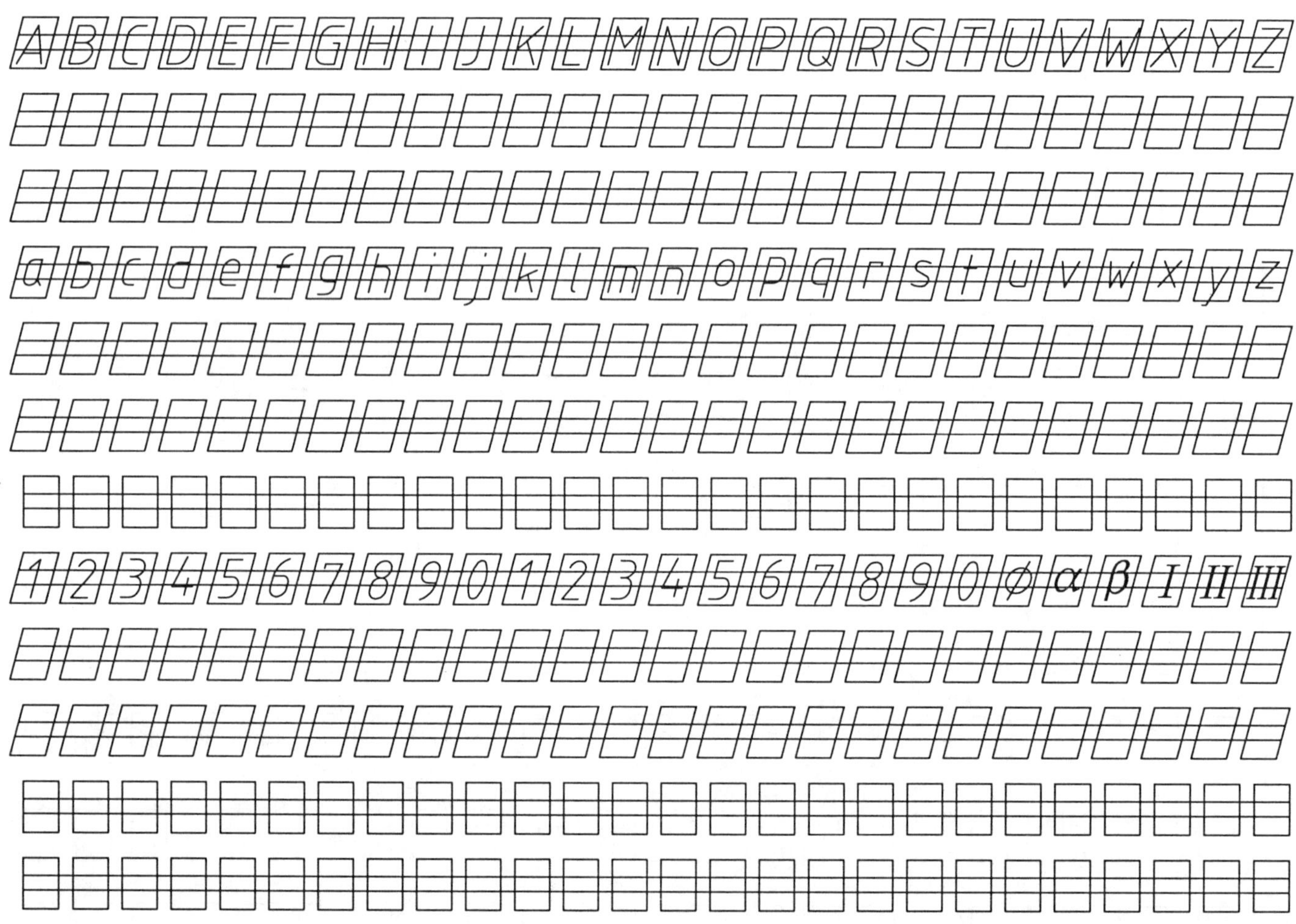

1-3 将所给的图形抄画在下边。

1-4 标注下列图形尺寸，数值按1:1从图上量取，取整数。

(1)

(2)

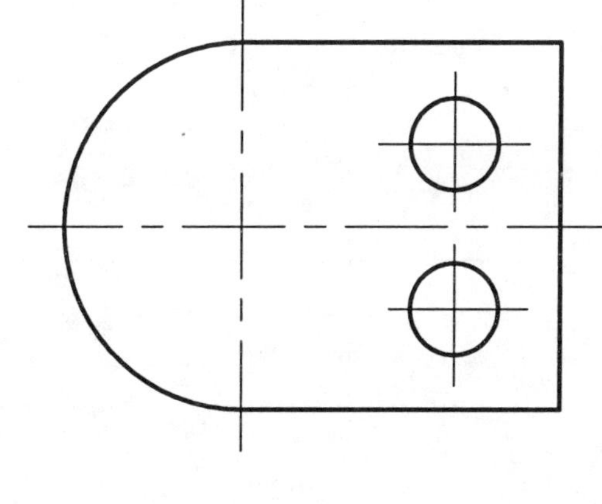

1-5 画出φ50圆的内接正五边形和正六边形。

1-6 分别用四心法和同心圆法画出长、短轴各为60mm、40mm的椭圆。

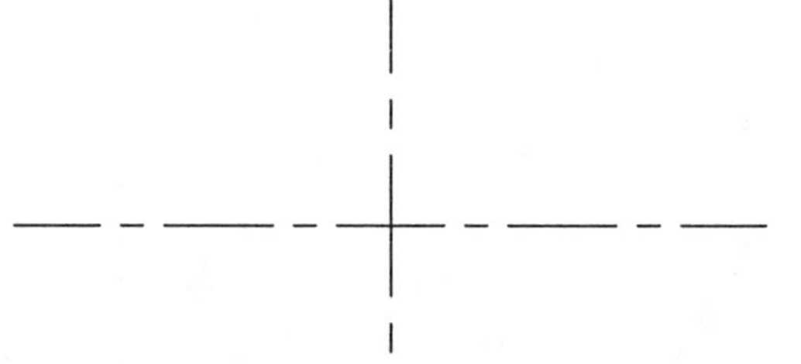

1-7 根据样图按1:1完成平面图形的作图，并抄绘尺寸。

(1)

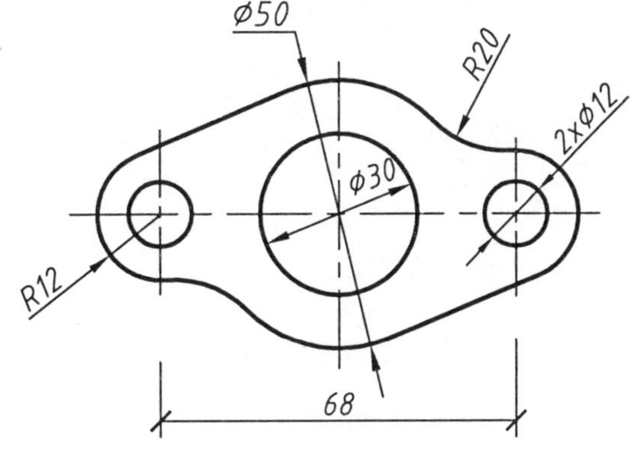

(2)

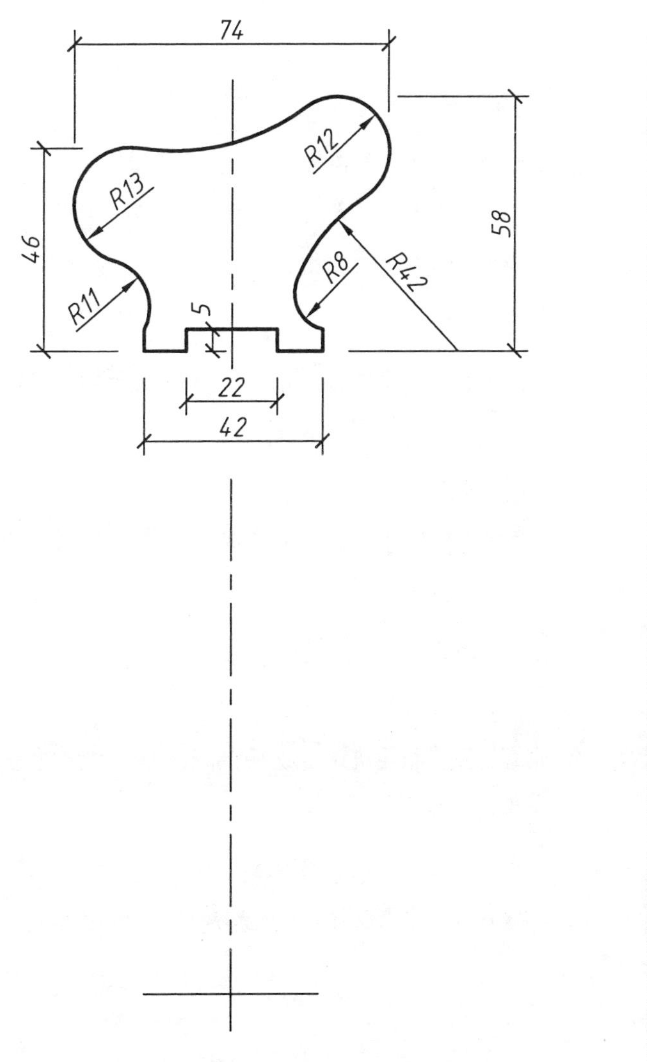

1-8 用A3图纸抄绘习题集第7页所示平面图形。

作图要求及作业指导

一. 作图目的:

1. 熟悉《房屋建筑制图统一标准》中的图纸幅面及格式、图线、字体、比例和尺寸标注方面的规定。

2. 学习正确使用绘图仪器及工具，培养绘图技能。

3. 掌握圆弧连接及平面图形的作图方法。

二. 作图要求:

1. 作图正确，线型粗细分明，尺寸标注遵守国标规定。

2. 圆弧连接光滑，图面整洁。

三. 作图内容:

在A3幅面上抄绘习题集第7页中的平面图形。图名：平面图形。

四. 作图步骤:

1. 将图纸用透明胶带固定在图板上。

2. 画出图框线和标题栏外框。

3. 布置图纸。根据所绘图形大小，将图形合理布置在图纸上，先画出作图基准线确定各图形的位置。

4. 用细线完成底稿。

5. 仔细检查无误后，加粗加深。

6. 标注尺寸，书写文字，完成标题栏，加粗图框线。

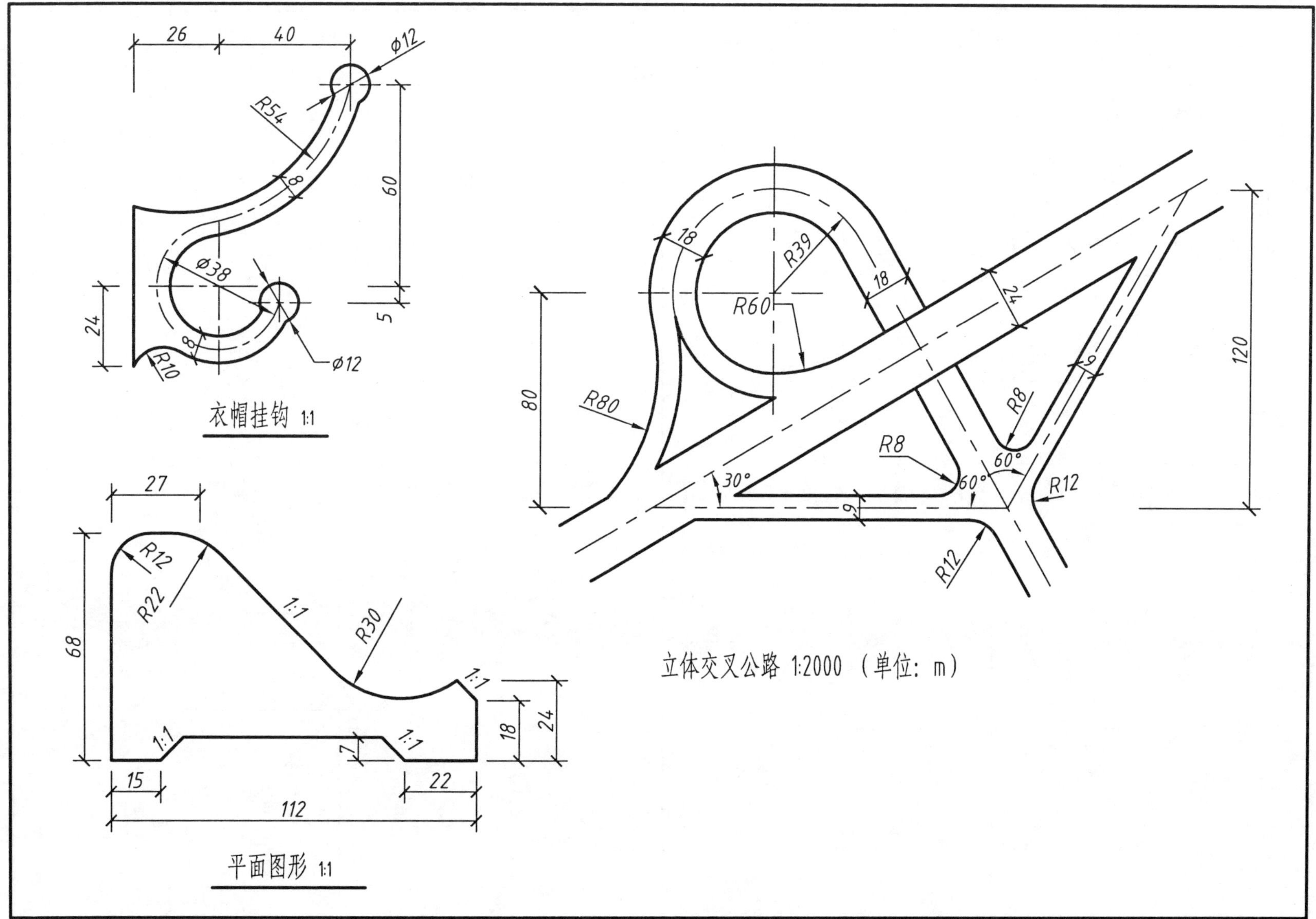

衣帽挂钩 1:1

平面图形 1:1

立体交叉公路 1:2000（单位：m）

3-1 根据立体图画出各点的三面投影。

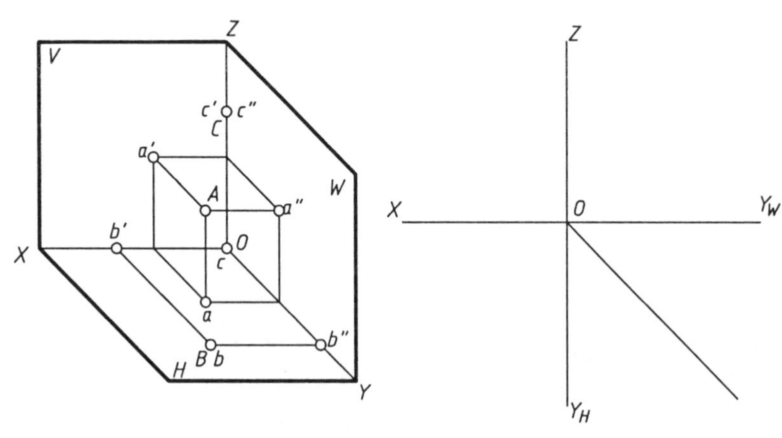

3-2 画出A(20,16,8)、B(15,0,20)、C(0,15,0)三点的三面投影。

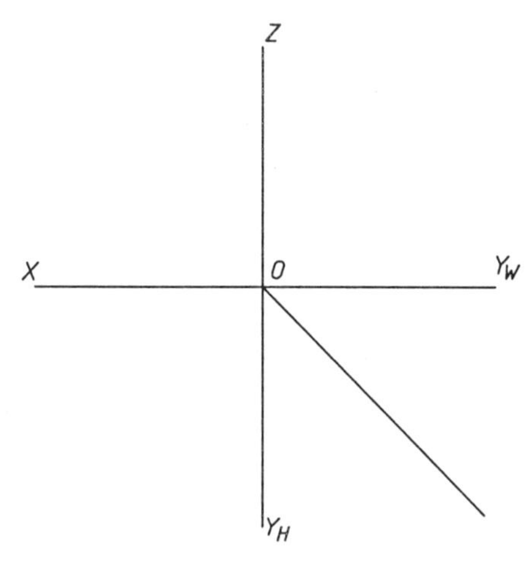

3-3 已知点A在H面之上20，点B在V面之前15，点C在W面之左25，补全各点的三面投影。

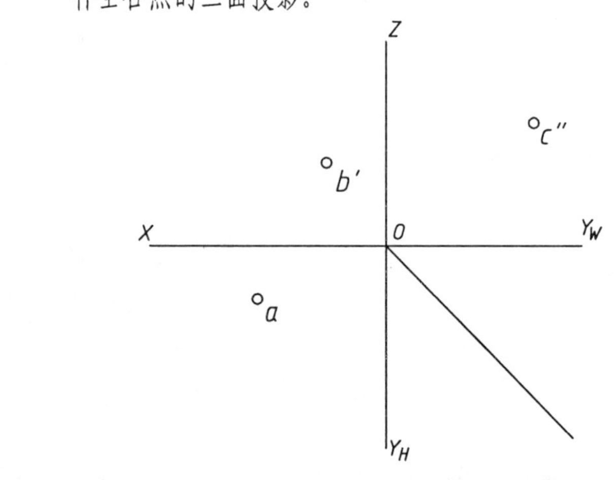

3-4 已知下列各点的两面投影，求作其第三投影。

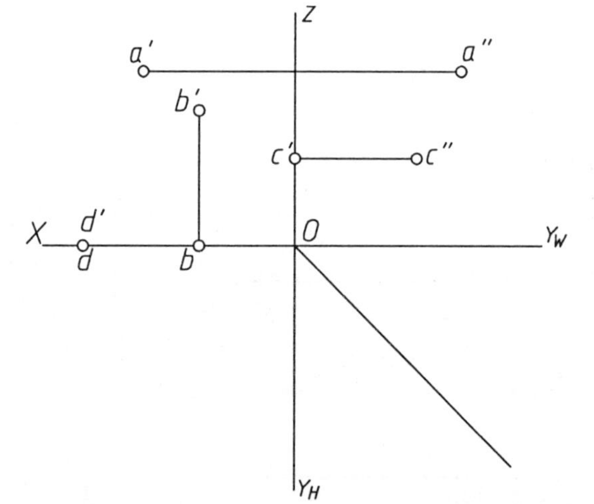

3-5 已知点B在点A左方12，下方10，前方15，求点B的三面投影。

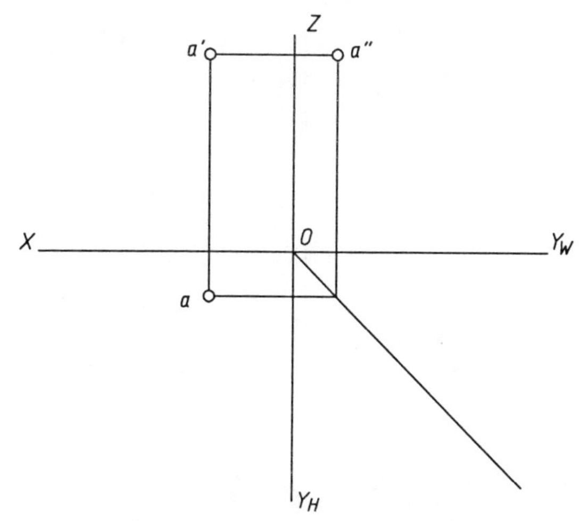

3-6 求各点的第三投影。试比较A与B，C与D，E与F的相对位置，并将点的不可见投影加括号。

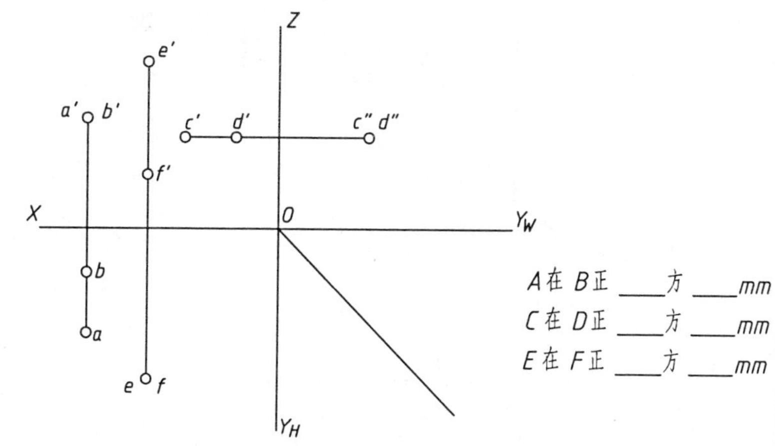

A在B正____方____mm
C在D正____方____mm
E在F正____方____mm

3-7 已知A(20,10,12)；点B距离W、V、H面分别为15、5、10；点C在点A左方10，前方5，上方8；点D在点A之下6，与V、H面等距，与W面的距离是与H面距离的2倍。求作各点的三面投影。

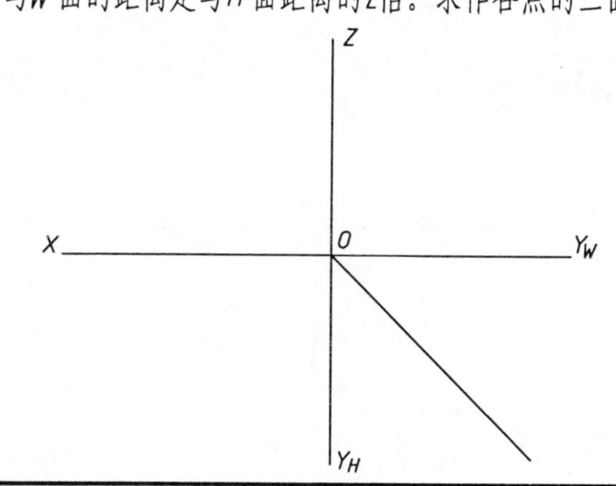

3-8 已知点A距离W面15；点B距离点A为10；点C与点A是对V面的重影点，y坐标为20；点D在点A的正下方15。补全各点的三面投影，并标明可见性。

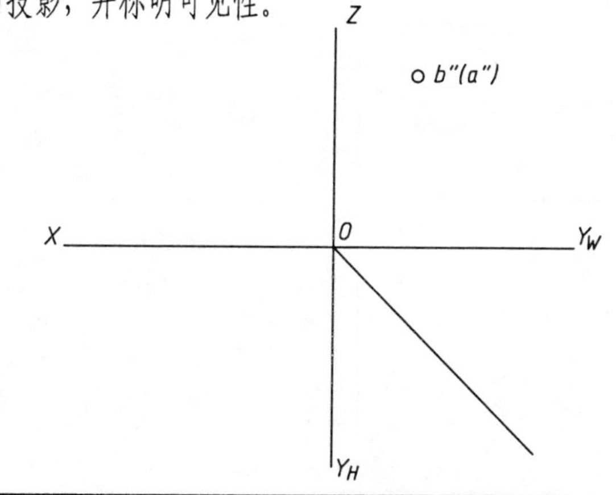

3-9 判断下列直线对投影面的相对位置，并填写名称。

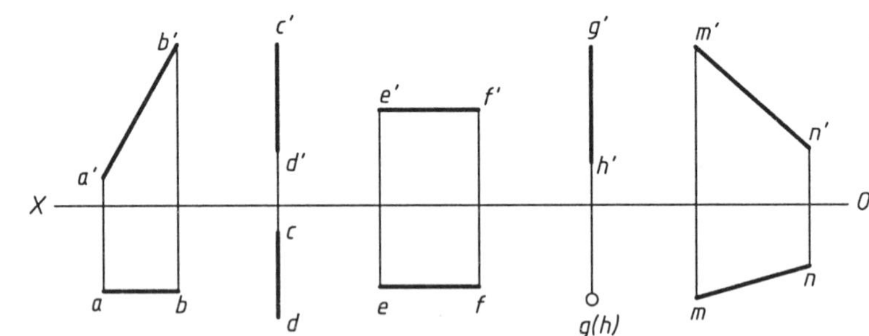

AB是＿＿＿＿　CD是＿＿＿＿　EF是＿＿＿＿

GH是＿＿＿＿　MN是＿＿＿＿

3-10 已知水平线AB在H面上方20mm，求作它的其余两面投影。

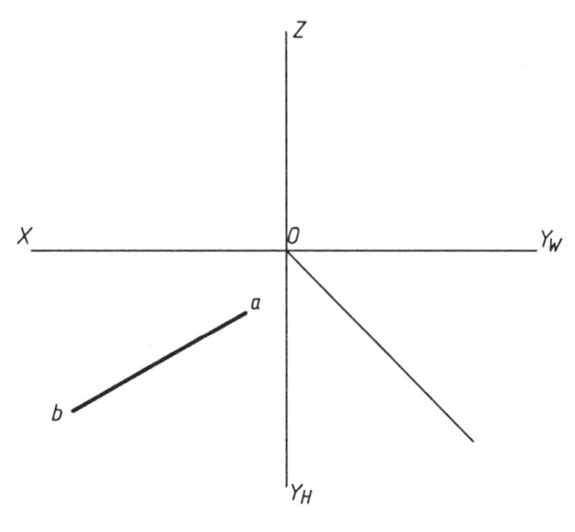

3-11 已知CD垂直于侧面，试完成其水平及侧面投影。

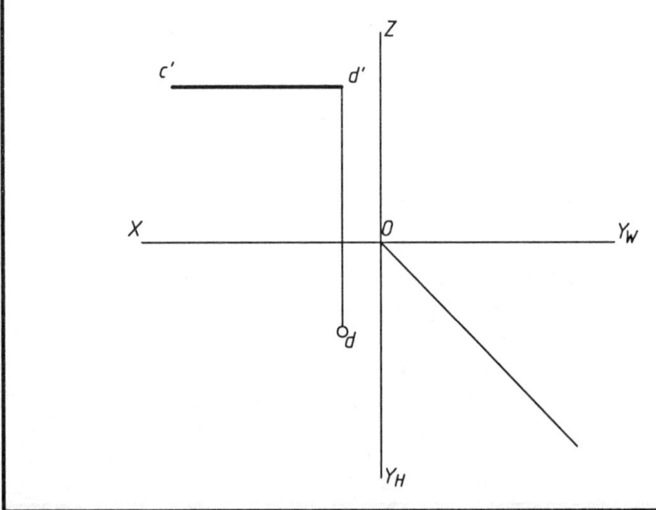

3-12 已知正平线AB距V面为10，点B在点A右上方，$\alpha=30°$，实长20；铅垂线CD距W面为5，点D在点C下方，实长为15。求作AB和CD的三面投影。

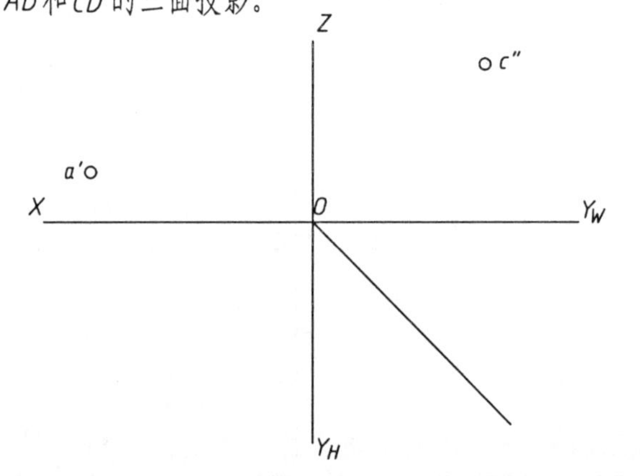

3-13 求作线段CD的侧面投影，并在该直线上取一点K，使CK=15mm。

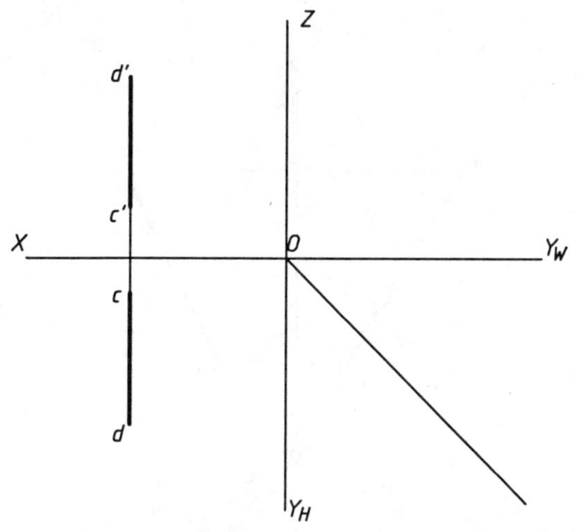

3-14 求AB的侧面投影，并求AB上点C的投影，使AC:CB=3:2。

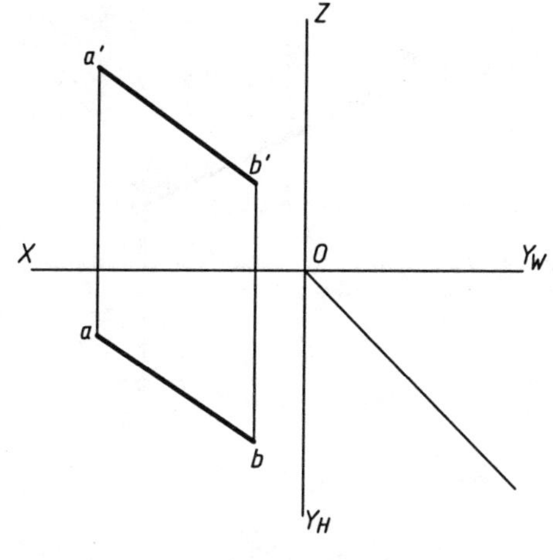

3-15 过直线AB上距H面15的点C，作水平线CD，要求CD实长为25，β=30°，点C在点D的左前方。

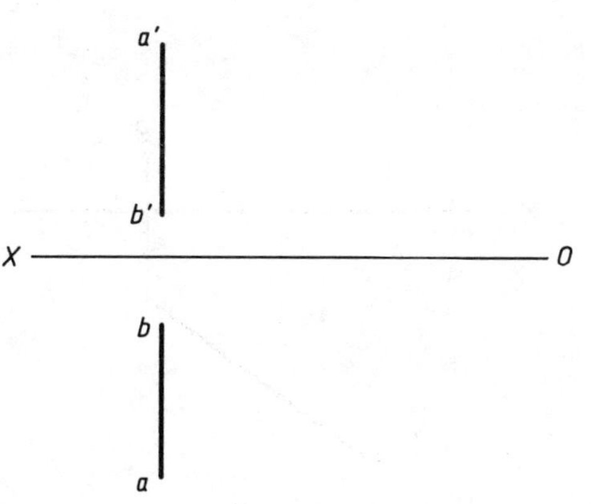

3-16 用直角三角形法求AB的实长及其对H面、V面的倾角α、β。

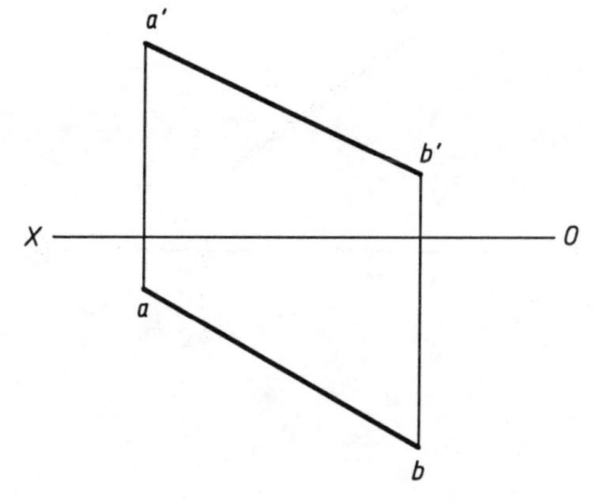

3-17 直线AB的实长为38，点A在点B之前，求作AB的水平投影。

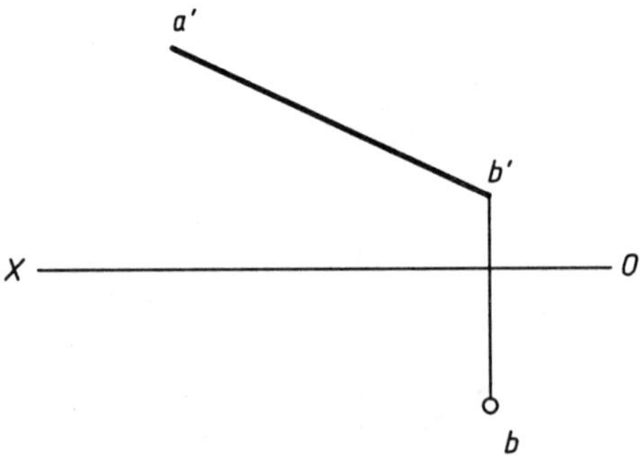

3-18 在直线AB上取一点K，使AK=15，求作点K的两面投影。

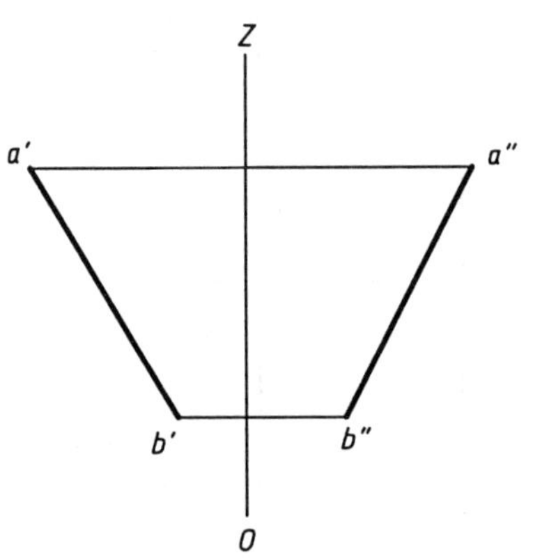

3-19 直线AB与H面的夹角α=30°，点A在点B之前，求作AB的水平投影。

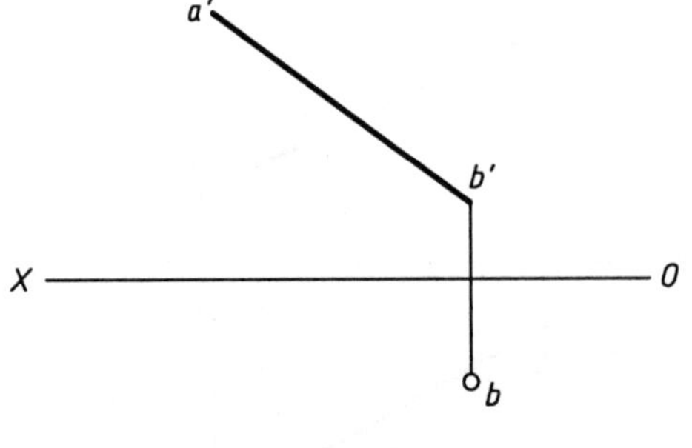

3-20 直线AB与V面的夹角β=30°，点A在点B之上，求作AB的正面投影。

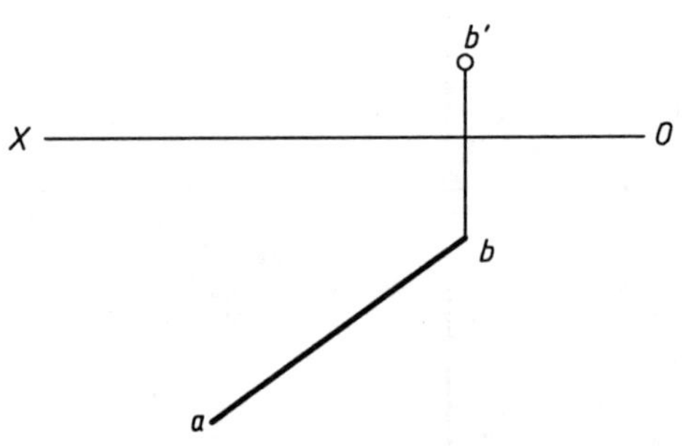

3-21 判断直线*AB*和*CD*的相对位置关系。

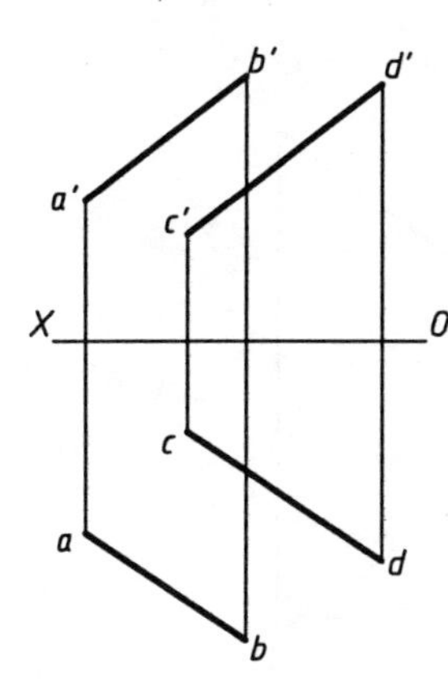

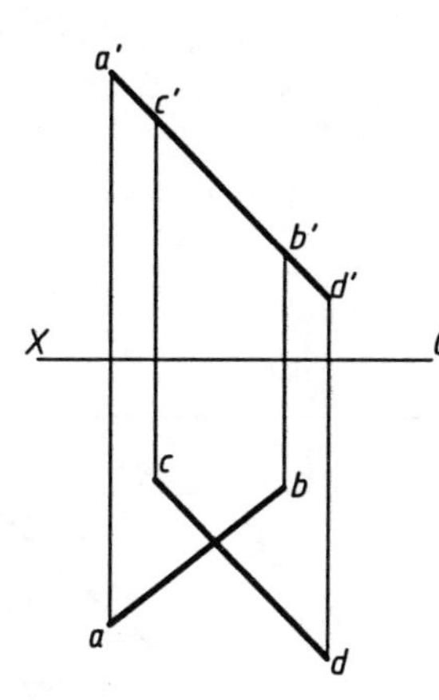

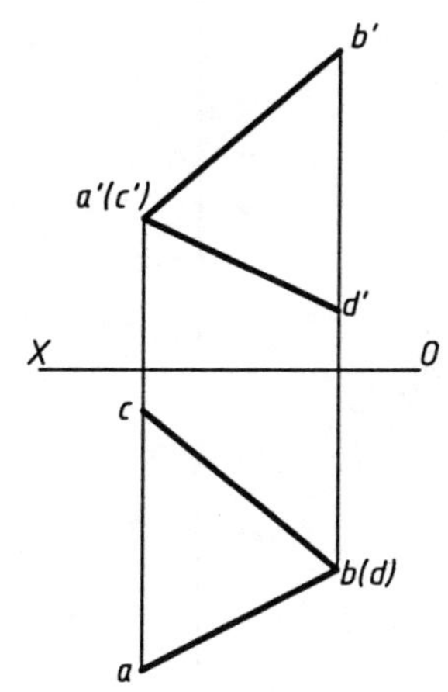

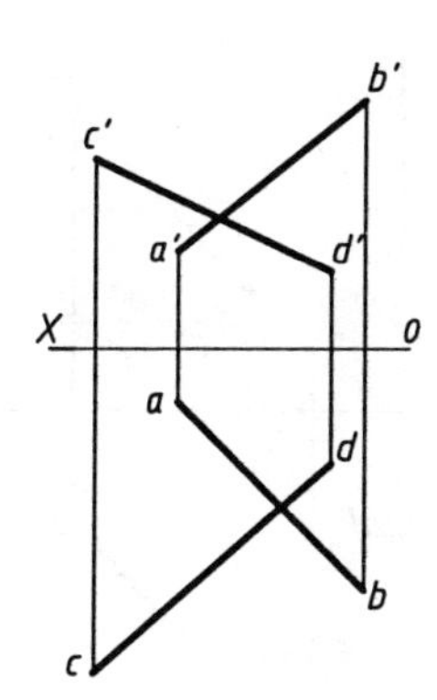

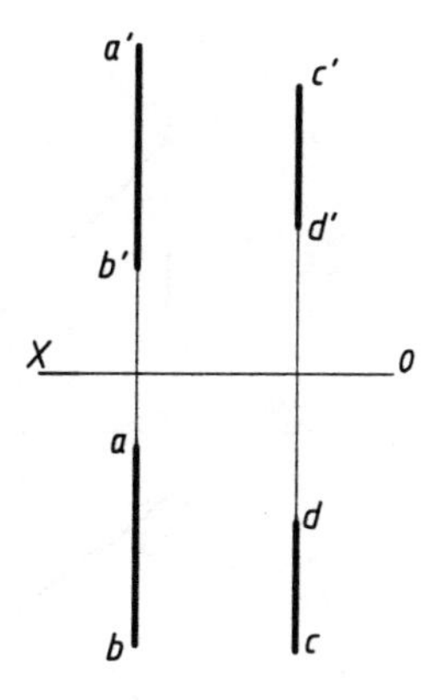

________　________　________　________　________

3-22 为交叉直线*AB*和*CD*上的重影点标注字母，并判别可见性。

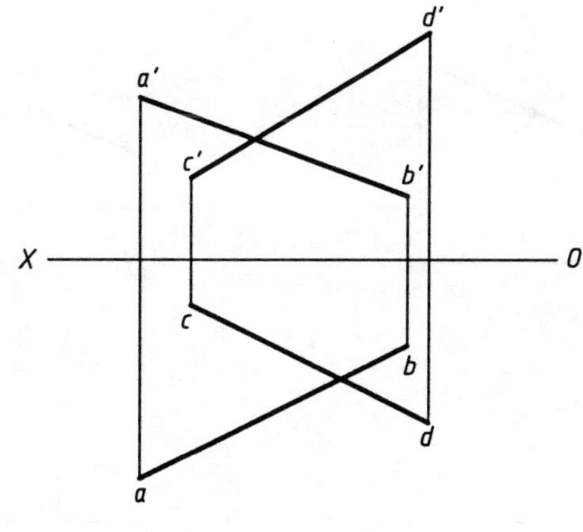

3-23 作正平线*EF*与*V*面相距15，且与*AB*和*CD*相交。

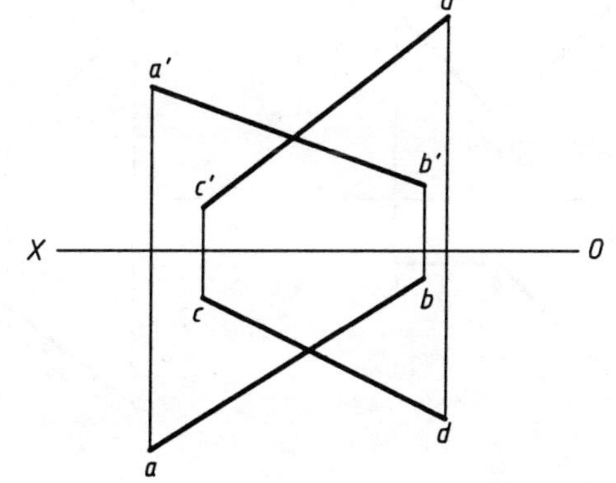

3-24 作一直线，使其与两直线AB、CD相交，并平行于直线EF。

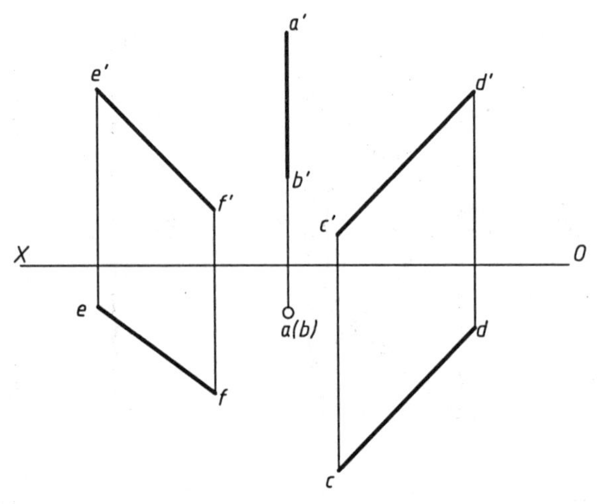

3-25 作直线AB、CD，使AB平行于CE并与CD相交。

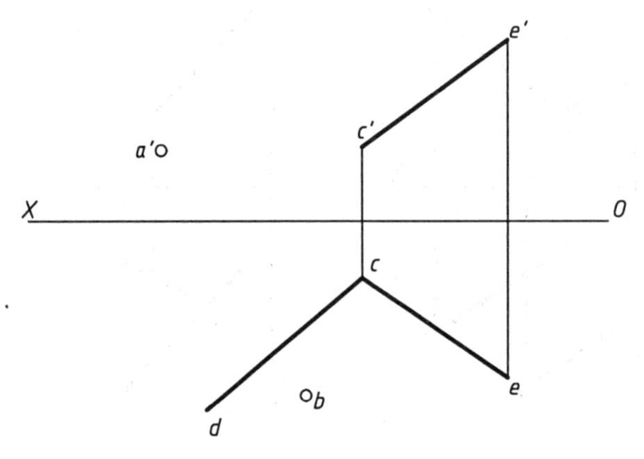

3-26 判断∠ABC是否为直角。

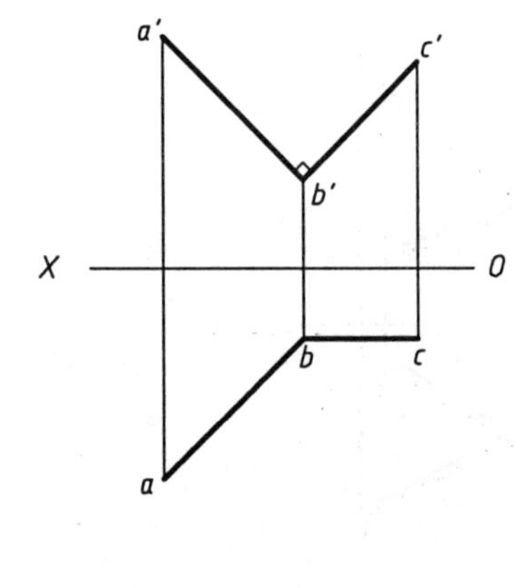

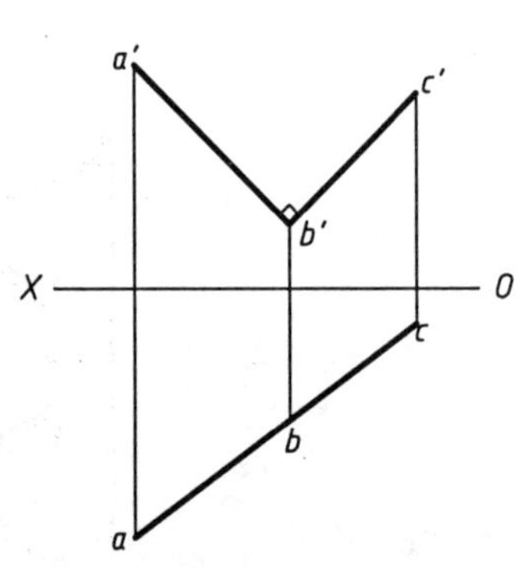

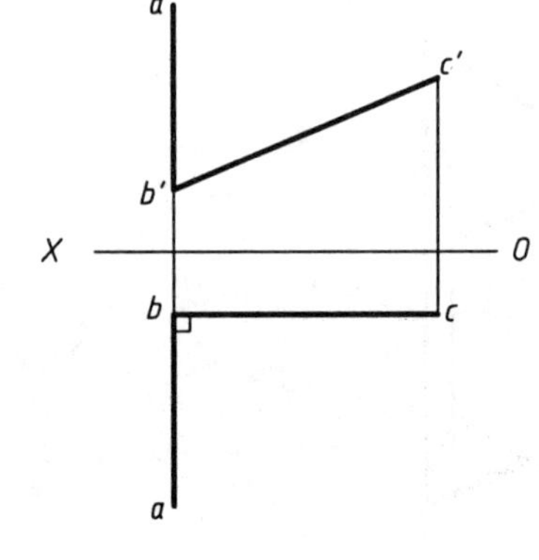

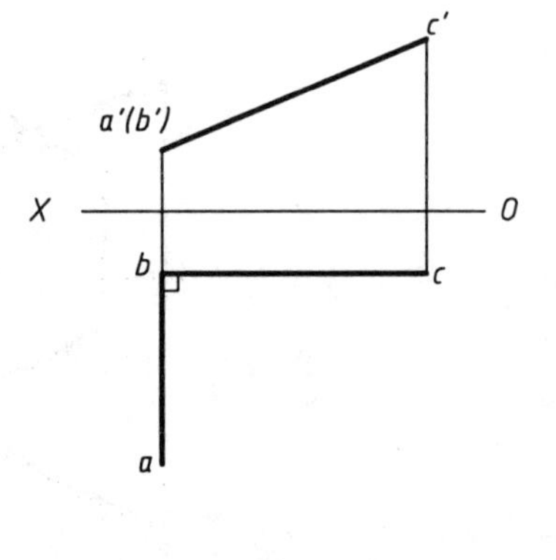

＿＿＿＿＿＿　＿＿＿＿＿＿　＿＿＿＿＿＿　＿＿＿＿＿＿

3-27 已知正平线 CD 与直线 AB 相交于 CD 的中点 K，AK 的长度为18，CD 的长度为30且与 H 面的夹角为60°，求 CD 的两面投影。

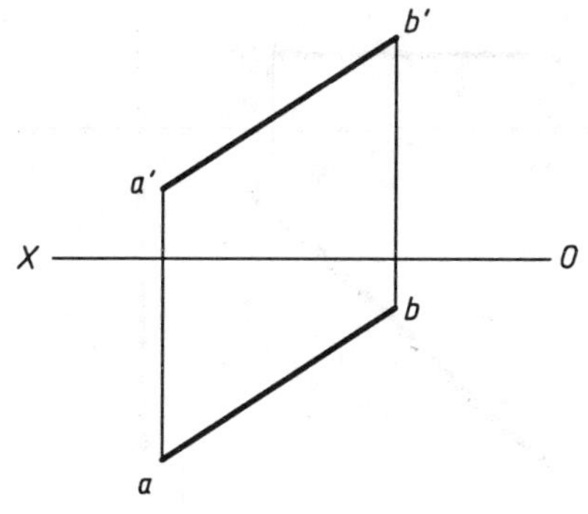

3-28 完成矩形 $ABCD$ 的投影。

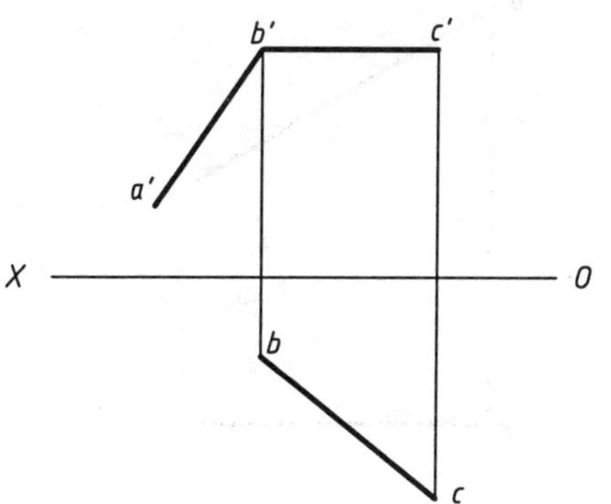

3-29 画出两直线 AB 与 CD 的公垂线，并求其实长。

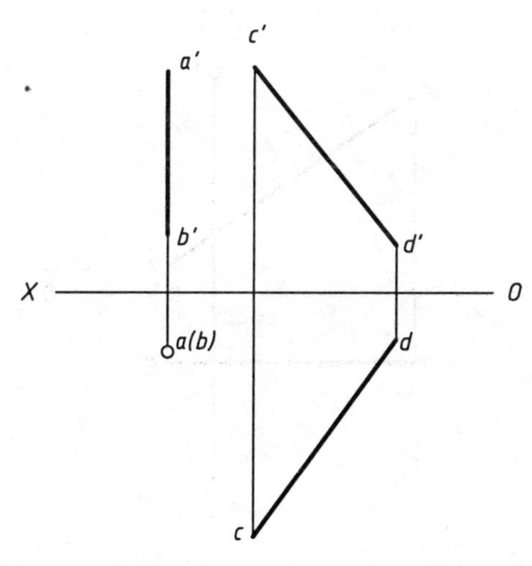

3-30 矩形 $ABCD$ 的顶点 C 在直线 EF 上，补全矩形的投影。

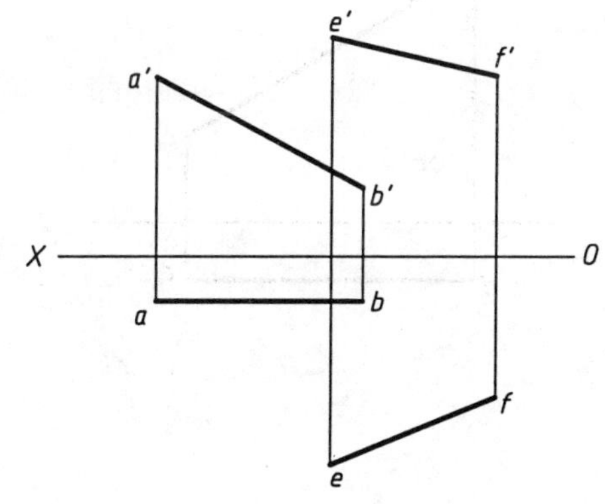

3-31 已知AC为菱形$ABCD$的对角线，完成菱形的投影。

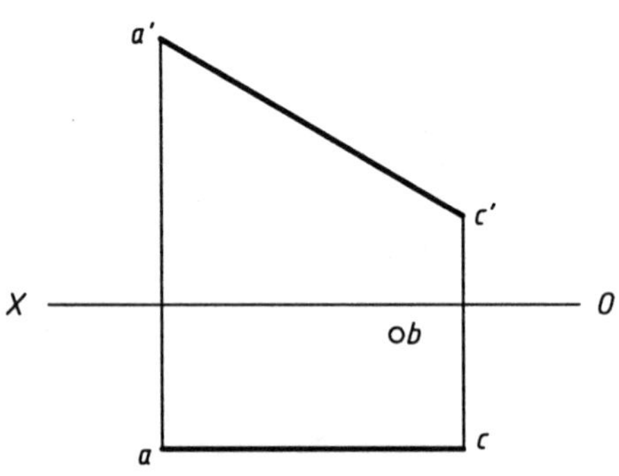

3-32 求点C与水平线AB的距离。

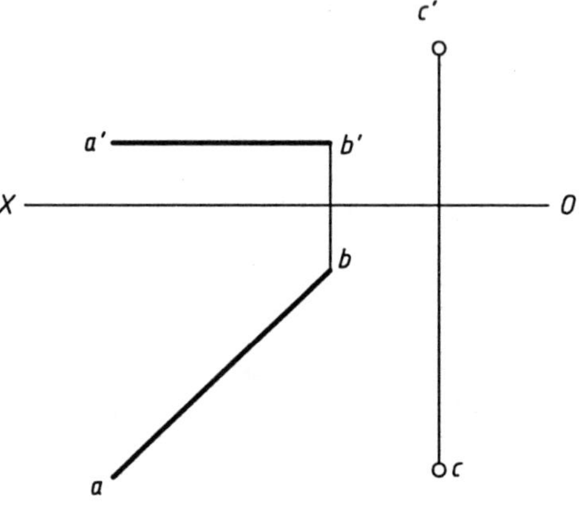

3-33 已知等腰直角$\triangle ABC$的AC为斜边，顶点B在直线DC上，完成其两面投影。

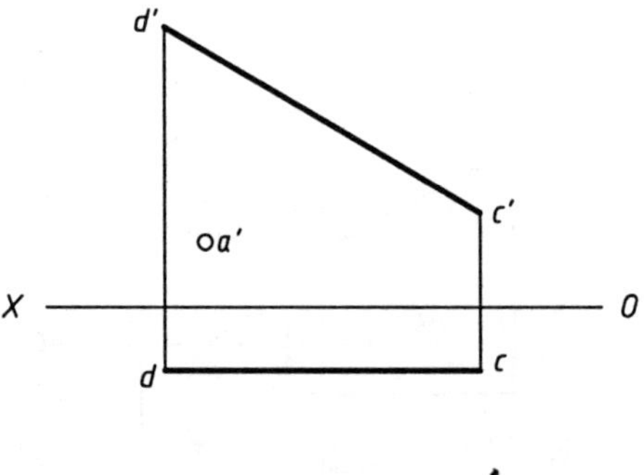

3-34 等边$\triangle ABC$的顶点为A，BC在直线DE上，完成其两面投影。

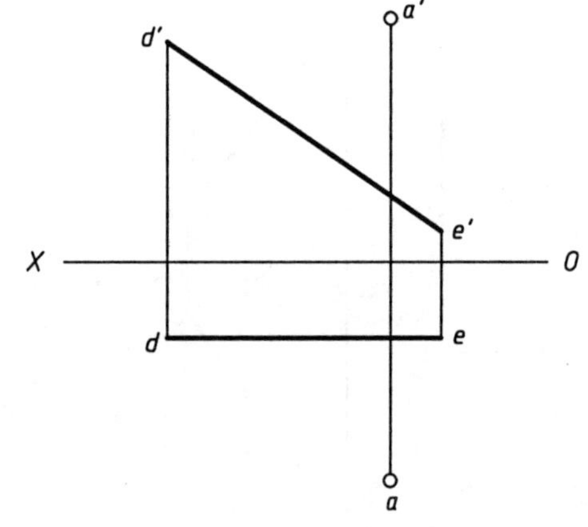

3-35 根据立体图，标出平面 P、Q 与直线 AB、CD 的另两个投影，并分别说明其相对投影面的位置。

(1)

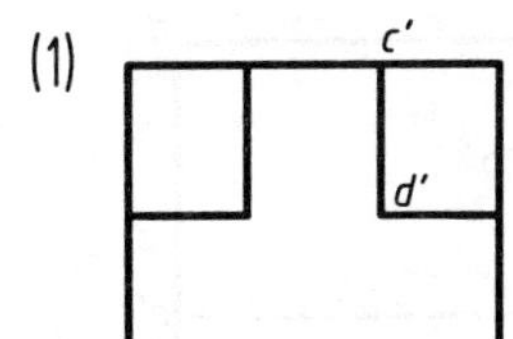

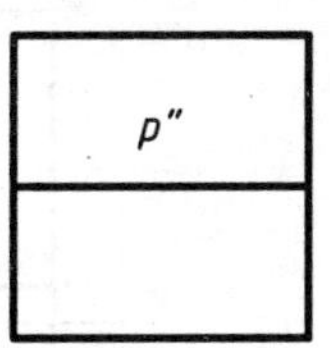

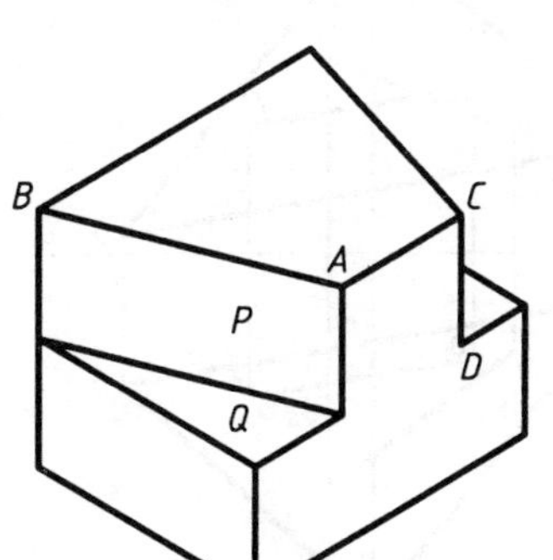

AB是______线
CD是______线
P 是______面
Q 是______面

(2)

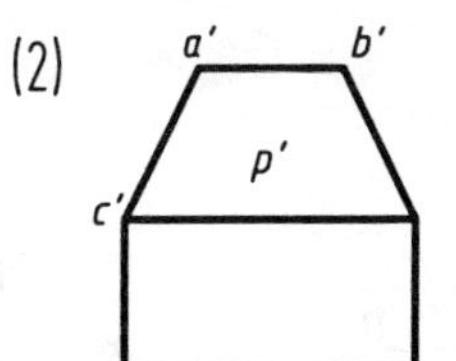

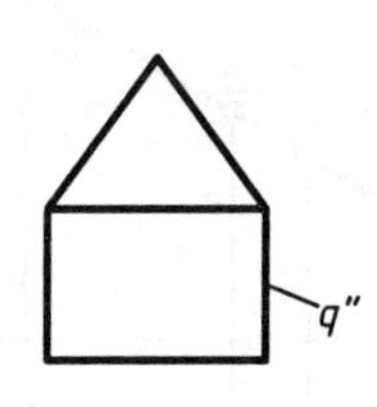

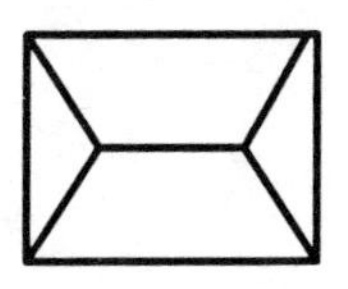

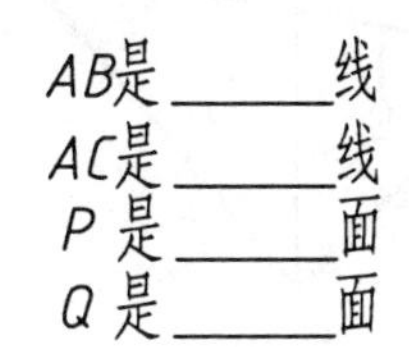

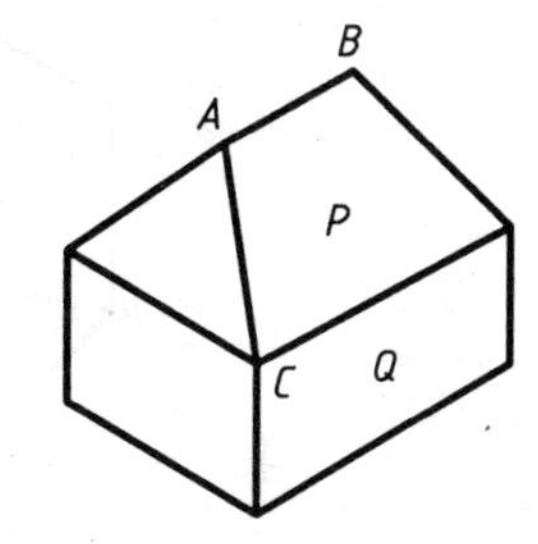

AB是______线
AC是______线
P 是______面
Q 是______面

3-36 根据平面图形的两面投影，求作它的第三面投影，并判断平面与投影面的相对位置。

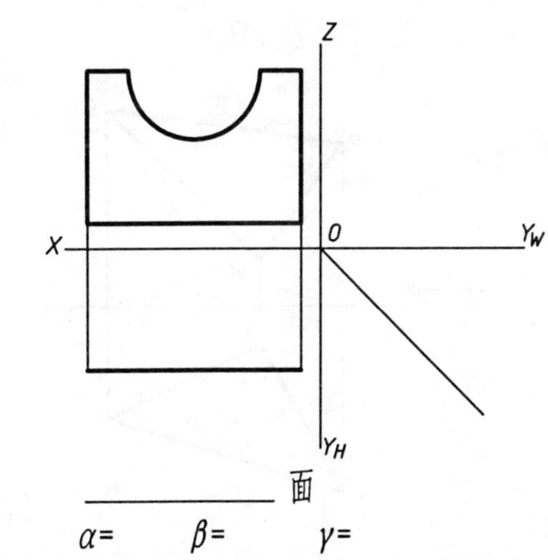

______面

$\alpha=$ $\beta=$ $\gamma=$

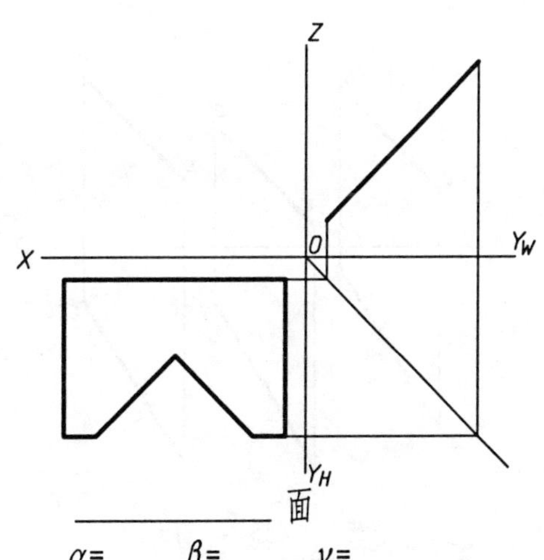

______面

$\alpha=$ $\beta=$ $\gamma=$

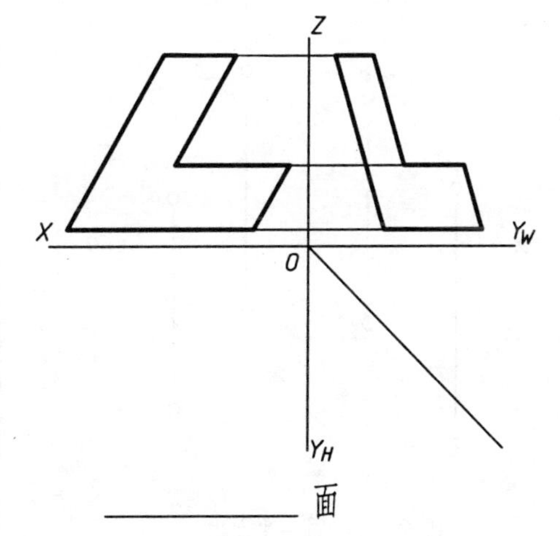

______面

3-37 (1) 试判断点M、N是否在△ABC平面内。

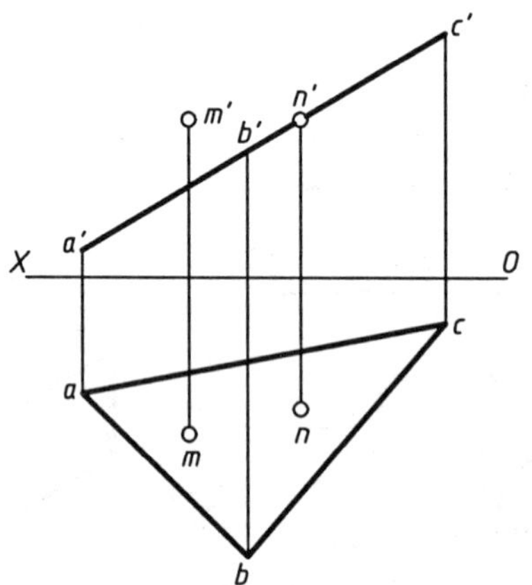

点M＿＿平面内　　点N＿＿平面内

(2) 判断线段DE是否在△ABC平面内。

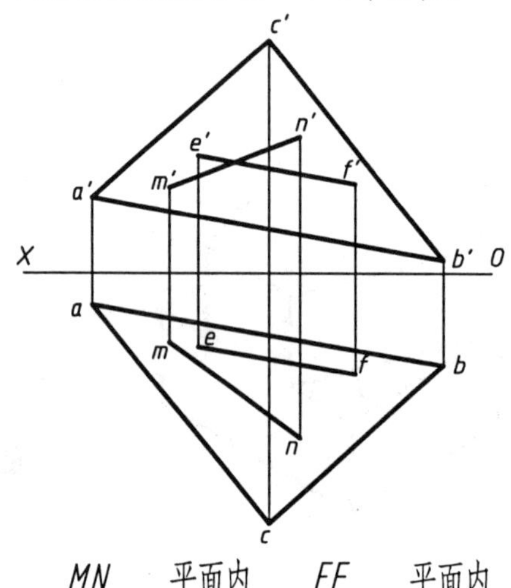

MN＿＿平面内　　EF＿＿平面内

(3) 作出矩形平面ABCD内点K的水平投影。

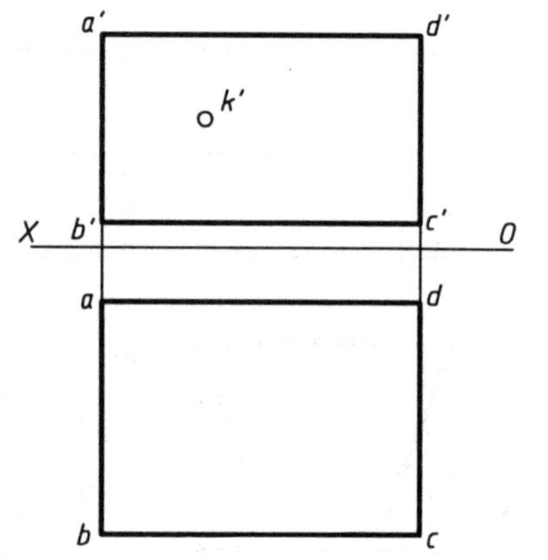

3-38 判断点A、B、C、D是否在同一平面内。

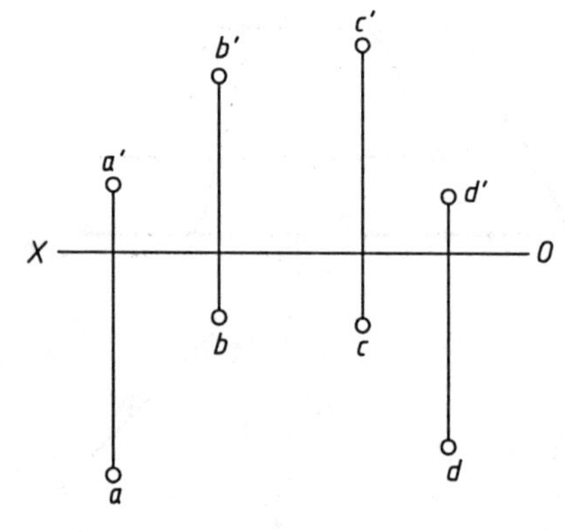

四点＿＿同一平面内

3-39 判断三直线是否在同一平面内。

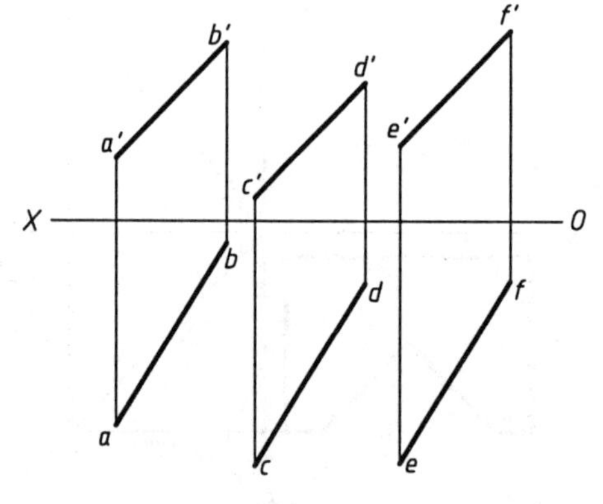

三直线＿＿同一平面内

3-40 在平面ABC内求作点K，使其位于H面上方15，V面前方12。

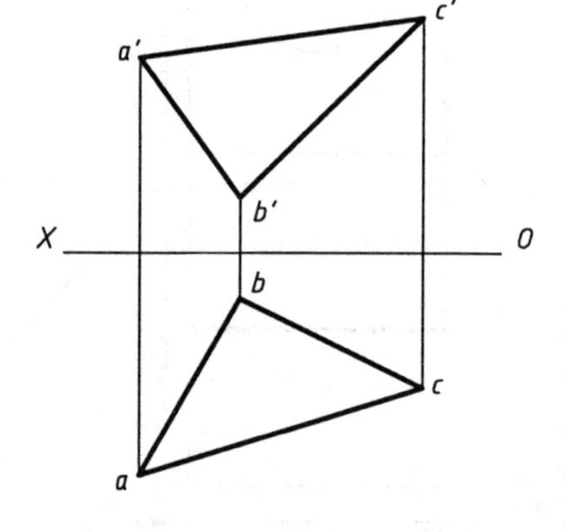

3-41 作平面*ABC*内*DEF*的水平投影。

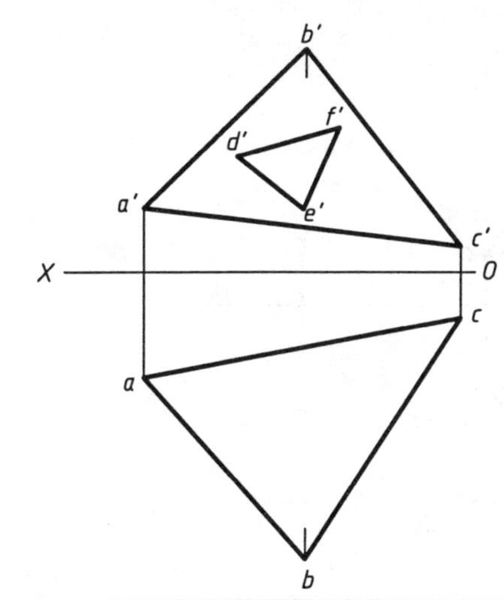

3-42 完成平面五边形*ABCDE*的两面投影。

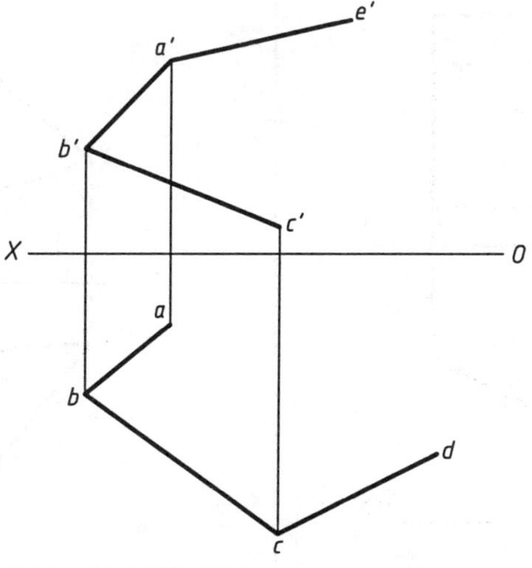

3-43 在平面*ABC*内作水平线，位于*H*面上方10；在平面*ABC*内作正平线，位于*V*面前方15。

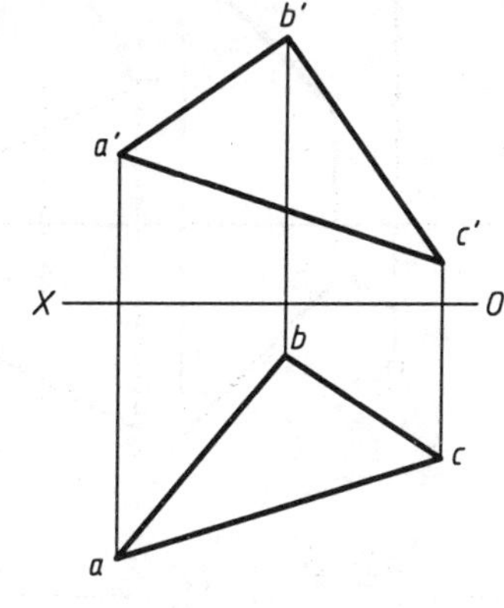

3-44 求平面*ABC*的对正面的倾角β。

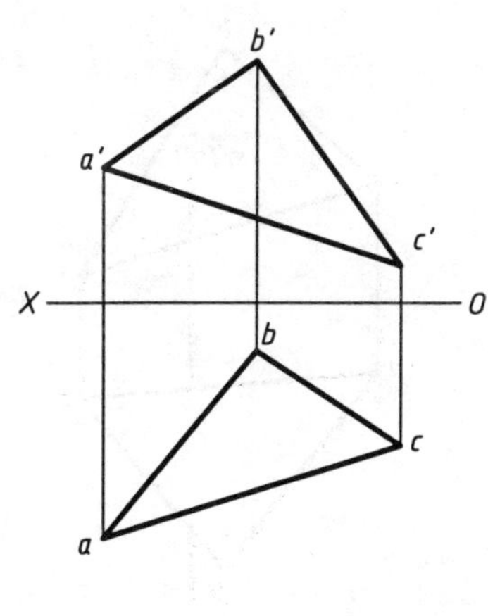

3-45 已知△*ABC*对*H*面的倾角为30°，完成其正面投影。

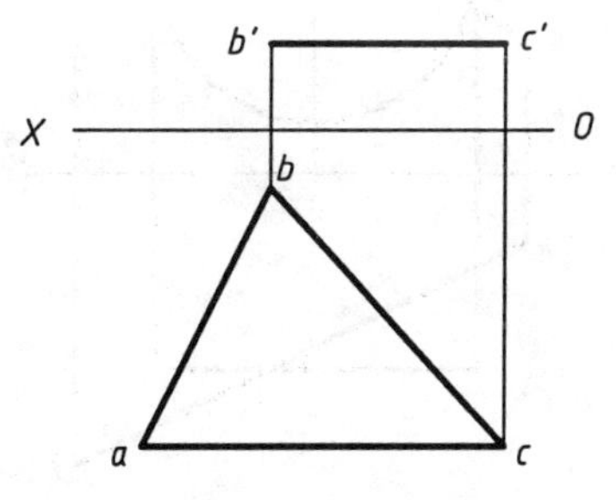

3-46 已知线段*AB*为某平面对*V*面的最大斜度线，β=30°，求作该平面的两面投影。

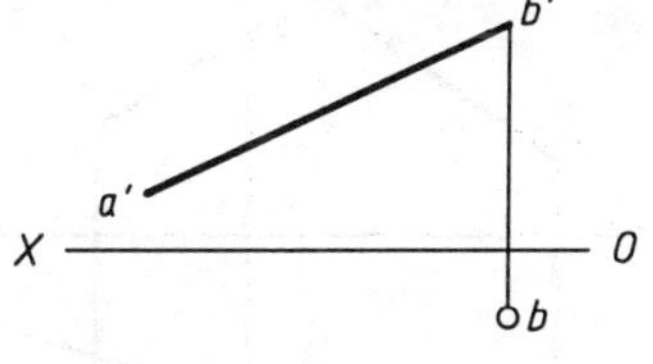

3-47 判断直线 AB、CD 及平面 △EFG 是否平行于平面 P。

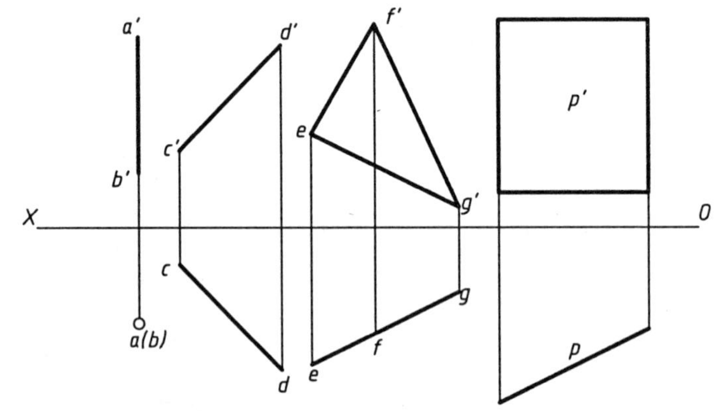

AB ________ 平面 P　　CD ________ 平面 P　　EFG ________ 平面 P

3-48 过点 M 作正平线 MN 平行于平面 ABC，MN 实长15，点 N 在 M 之左。

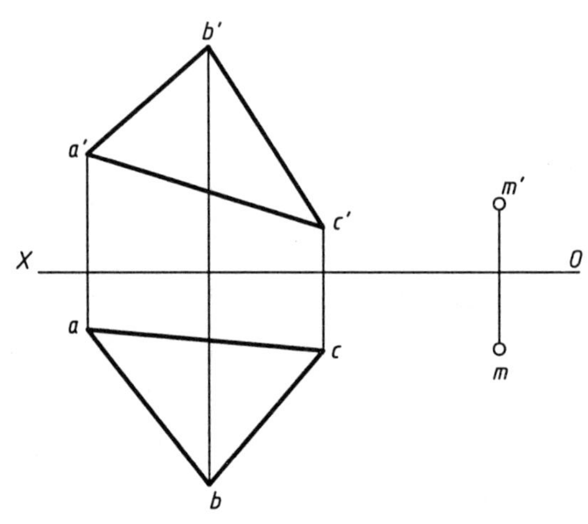

3-49 线段 MN=20，点 N 在 M 之后，且 MN 平行于 △ABC，完成 MN 和 △ABC 的两面投影。

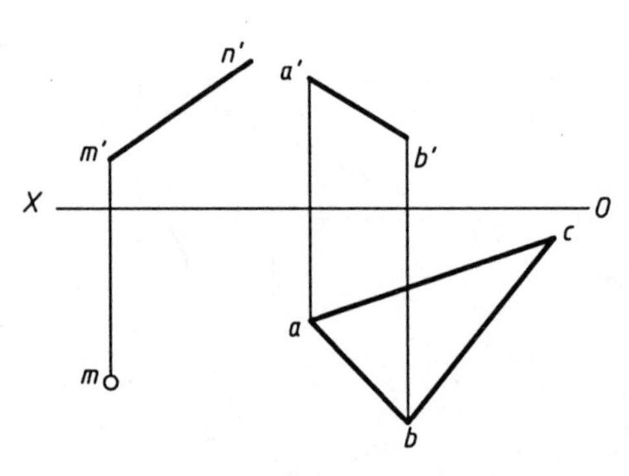

3-50 求直线 KL 与平面的交点，完成 KL 的投影并判别可见性。

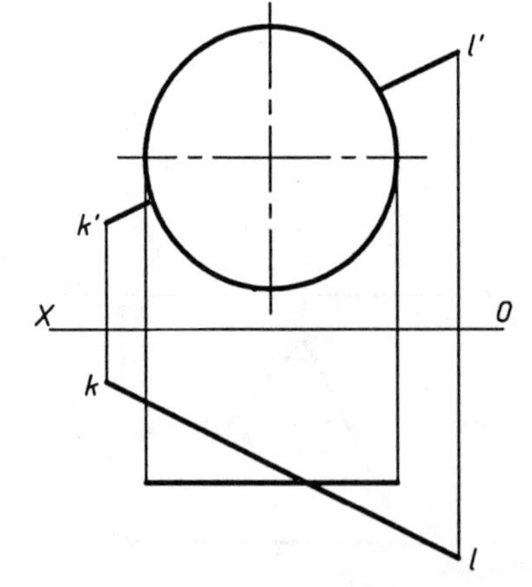

3-51 求正垂线 MN 与平面 ABC 的交点，完成 MN 的投影并判别可见性。

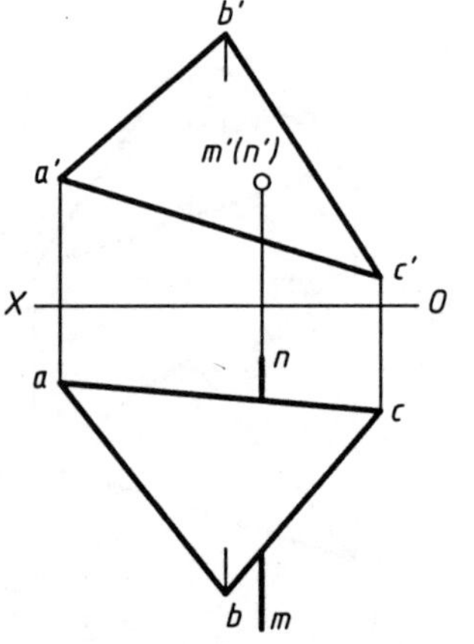

3-52 求直线MN与平面ABC的交点，完成MN的投影并判别可见性。

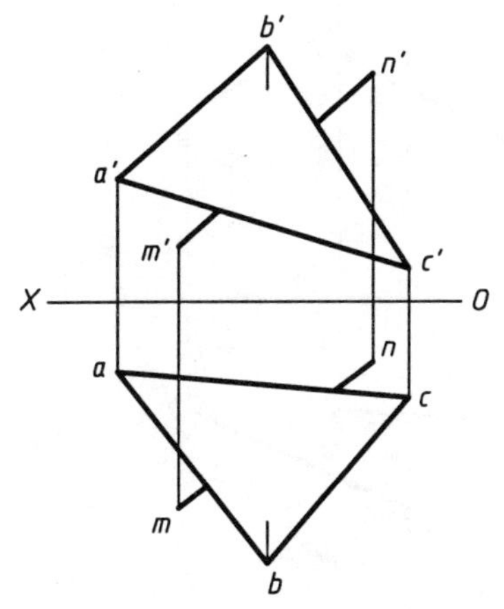

3-53 求两平面的交线，完成两平面投影并判别可见性。

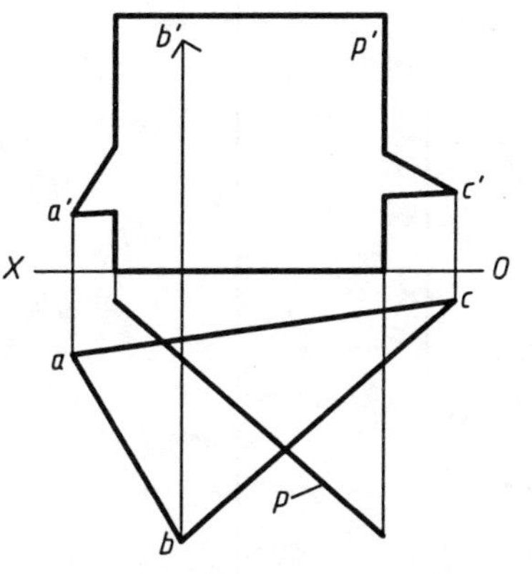

3-54 求两平面的交线，完成两平面投影并判别可见性。

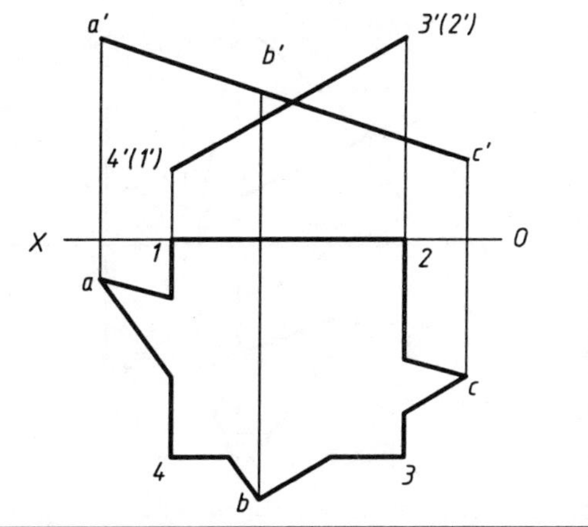

3-55 求三平面的交点。

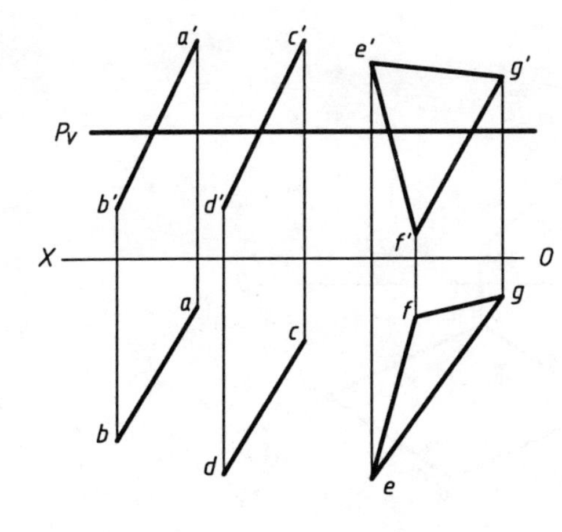

3-56 求两平面的交线，完成两平面投影并判别可见性。

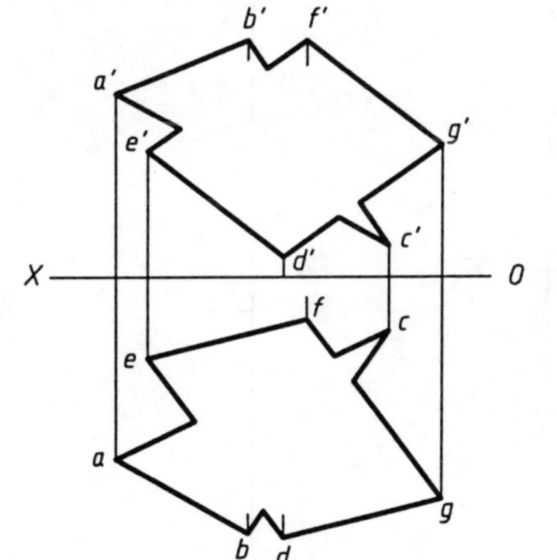

3-57 求点K到正垂面ABC的距离。

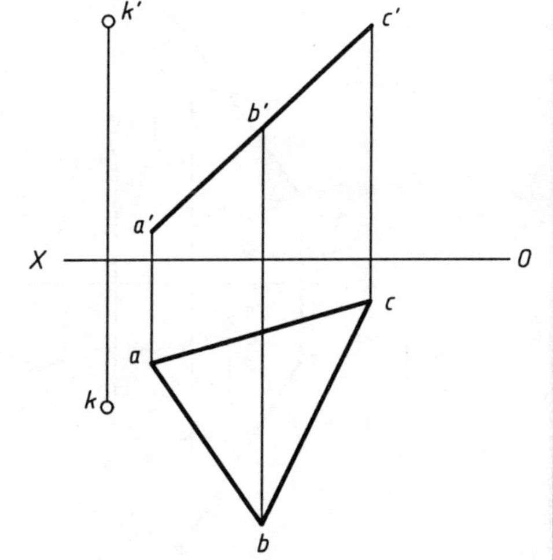

3-58 过点K作一平面同时垂直于平面ABC和DEF。

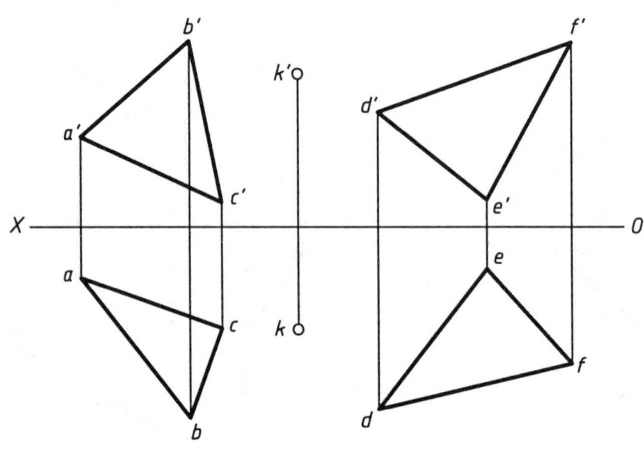

3-59 作直线MN//AB，且与CD、EF均相交。

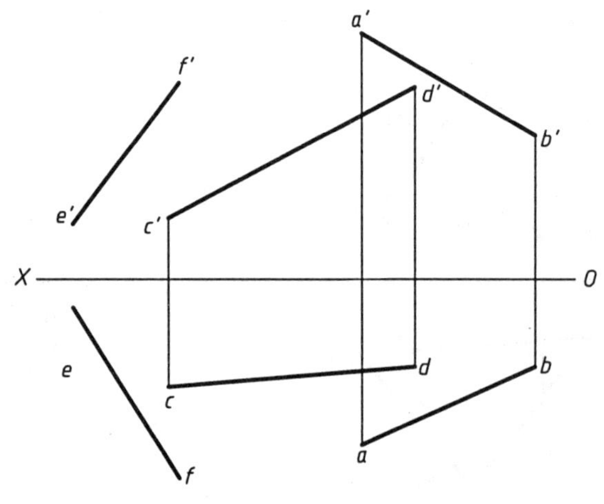

3-60 过点E作直线EF⊥AB，且与CD相交。

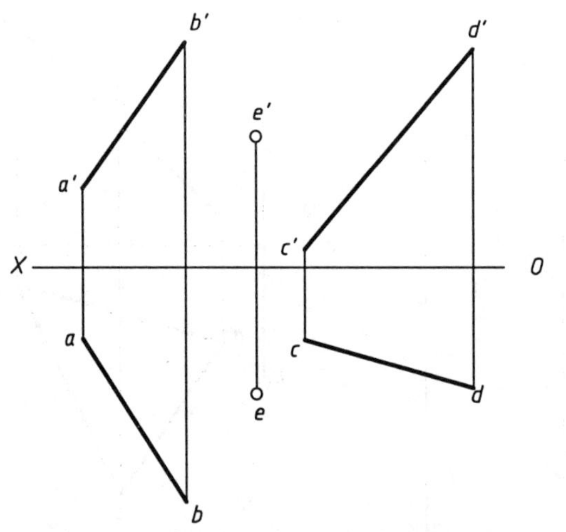

3-61 补全矩形ABCD的正面投影。

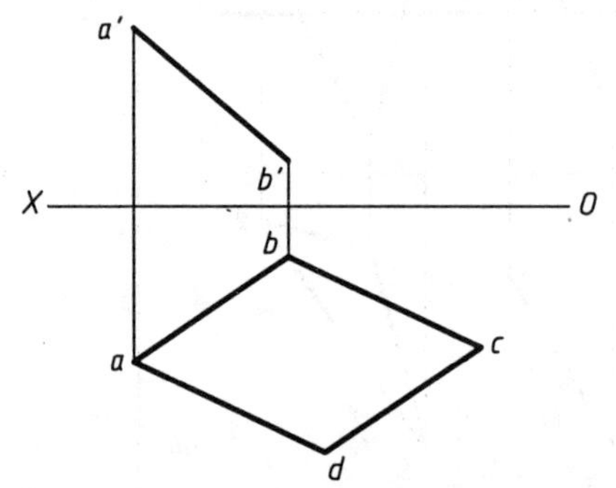

3-62 补全等腰△*ABC*的两面投影，*AC*=*BC*，顶点*C*在*EF*上。

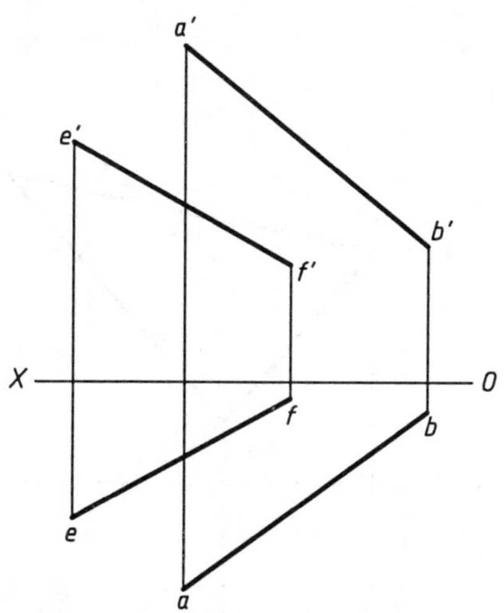

3-63 求点*K*到平面*ABC*的距离。

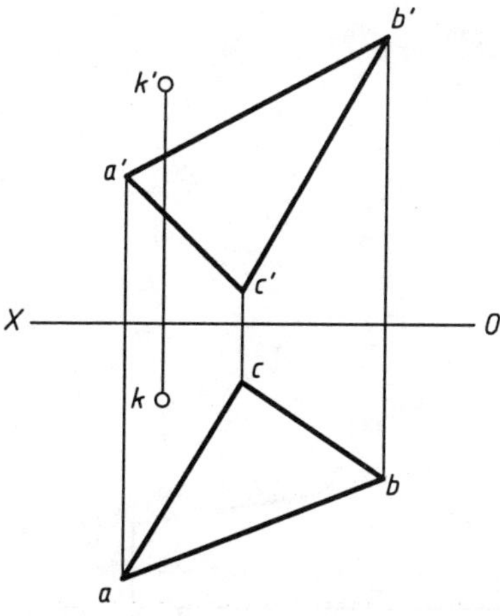

3-64 求点*K*到直线*AB*的距离。

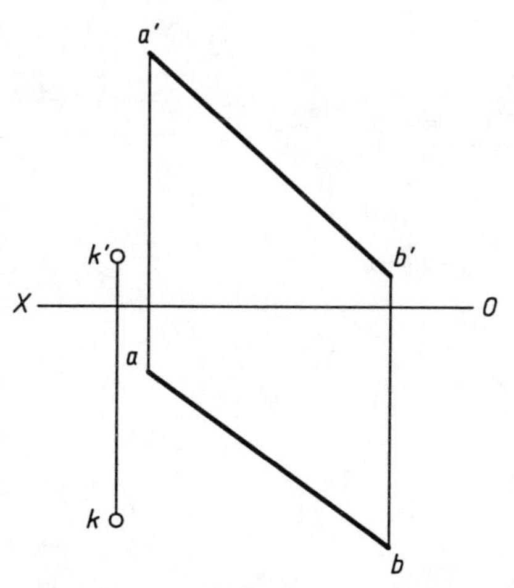

3-65 求两交叉直线*AB*、*CD*的公垂线的投影及实长。

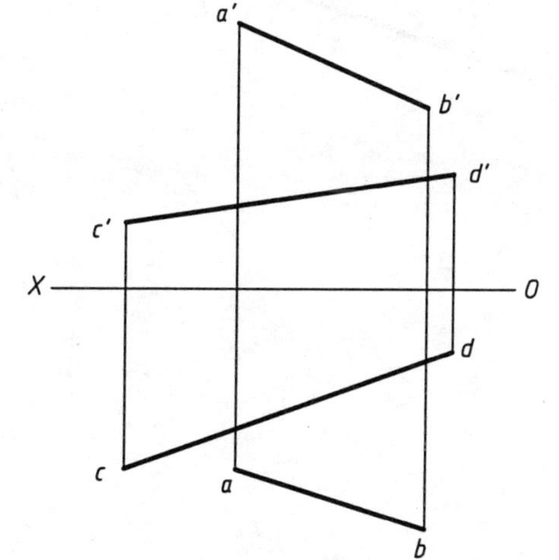

班级________姓名________学号________评阅

4-1 用换面法求直线*AB*的实长及其对*H*面、*V*面的倾角α、β。

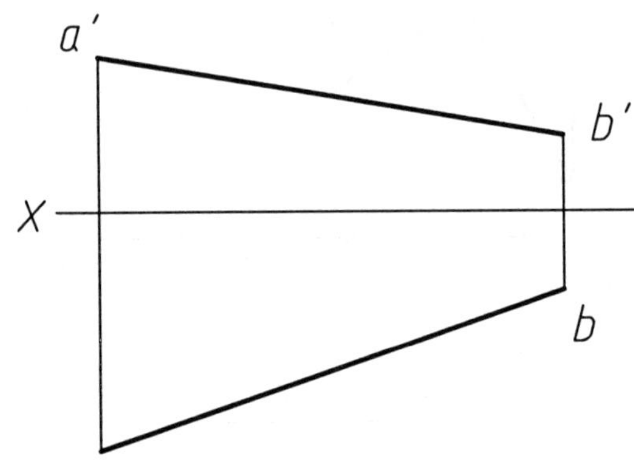

4-2 求以*AB*为底边的等腰△*ABC*的水平投影。

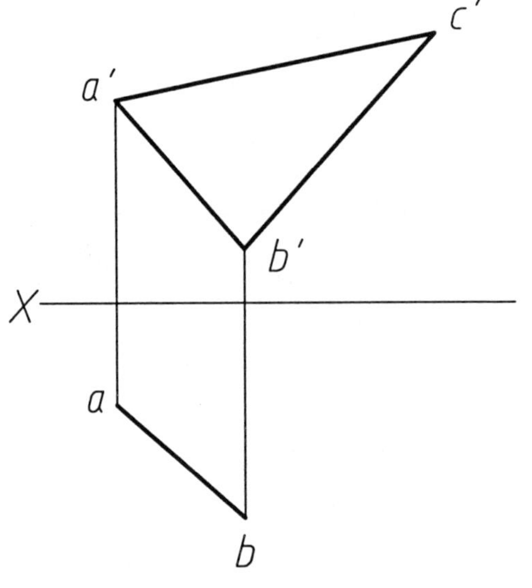

 班级＿＿＿＿姓名＿＿＿＿学号＿＿＿＿评阅

4-3 由点A作直线CD的垂线AB，B是垂足，并用换面法求出A到CD的实际距离。

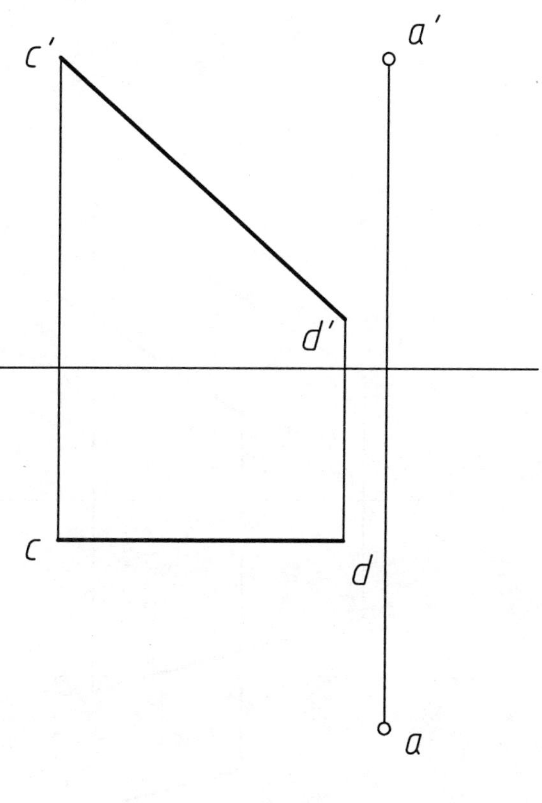

4-4 直线AB对V面的倾角为45°,求B点的水平投影（用换面法）。本题有多解，只需作出一解即可。

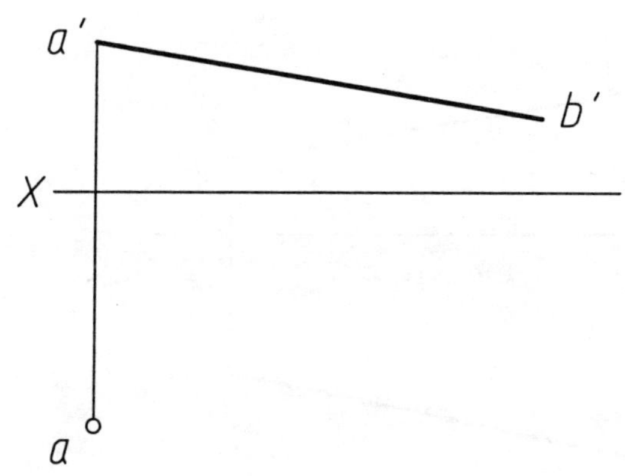

4-5 等边△*ABC*的*BC*边在直线*MN*上，求△*ABC*的两面投影。

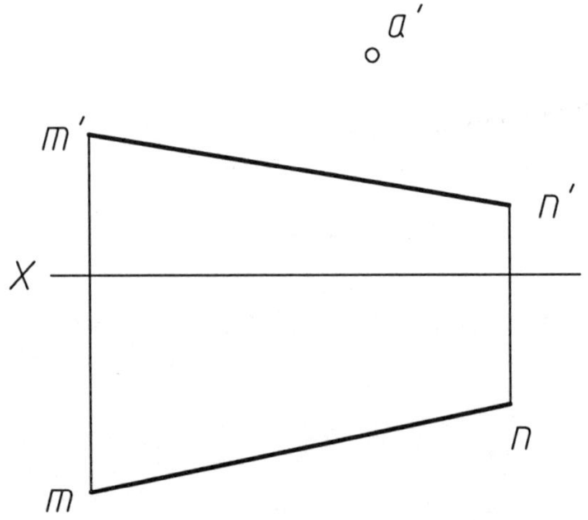

4-6 直线*AB*和*MN*是平行线，在*AB*上找一点*C*使∠*ABC*为60°，求*C*点的两面投影。

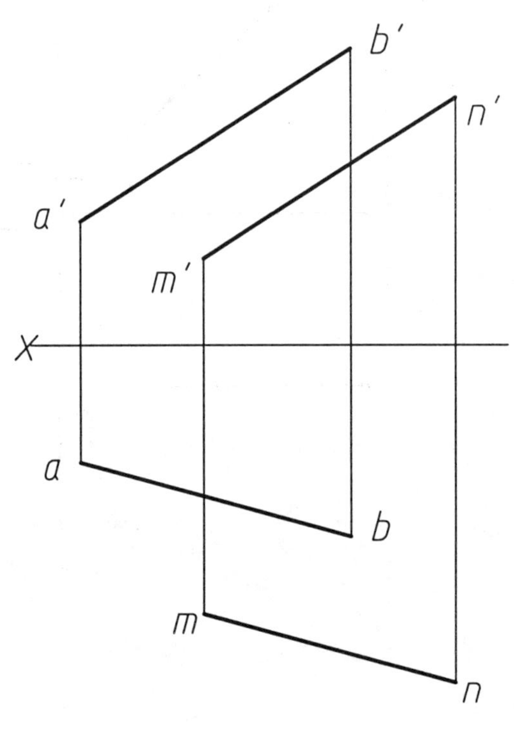

班级______ 姓名______ 学号______ 评阅

4-7 平行四边形*ABCD*对*H*面的倾角为45°,求其*V*面投影。

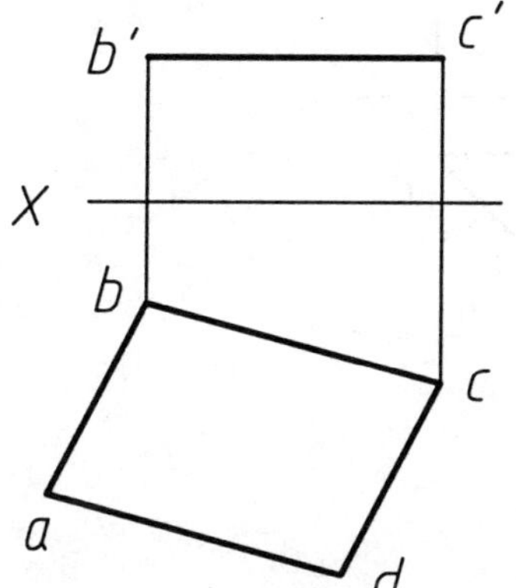

4-8 在△*ABC*内作一条直线*MN*，使其对*AB*的距离为10。

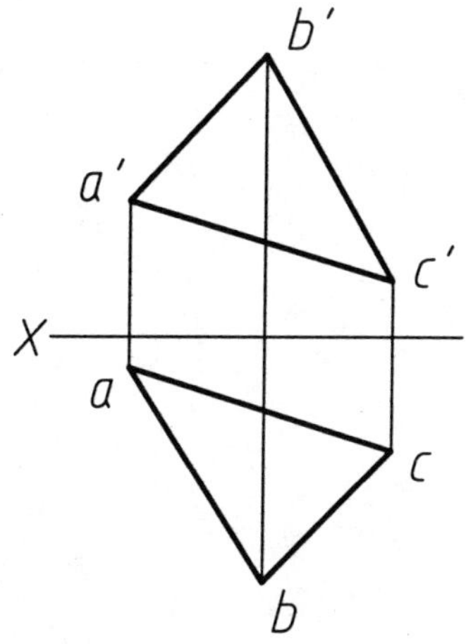

4-9 △*ABC*和△*ABD*的夹角是75°，求水平投影，并判断可见性。

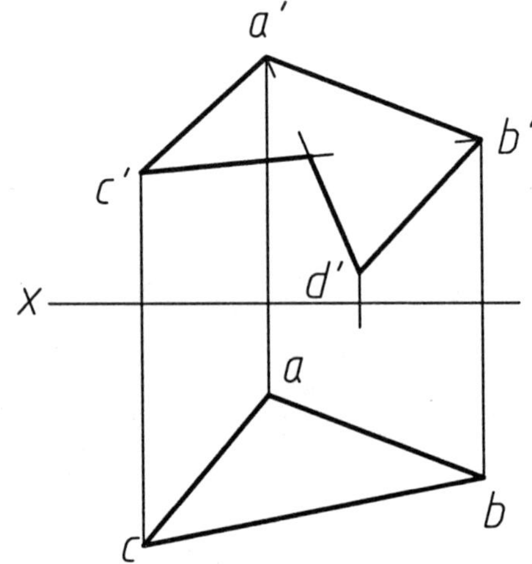

4-10 用换面法求△*ABC*的实形。

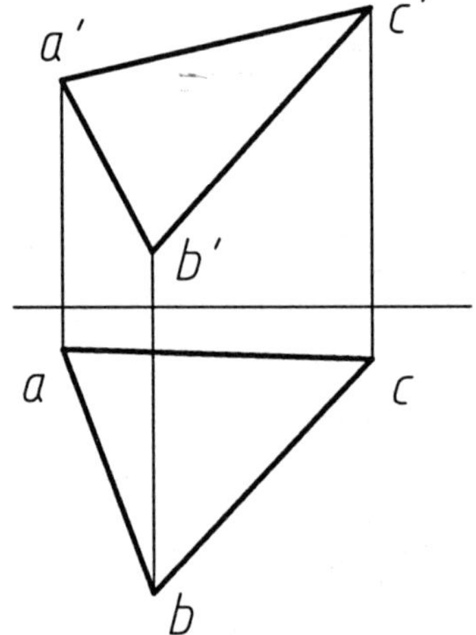

4-11 用旋转法求矩形*ABCD*。

c′
d′
X
d
c
a
b

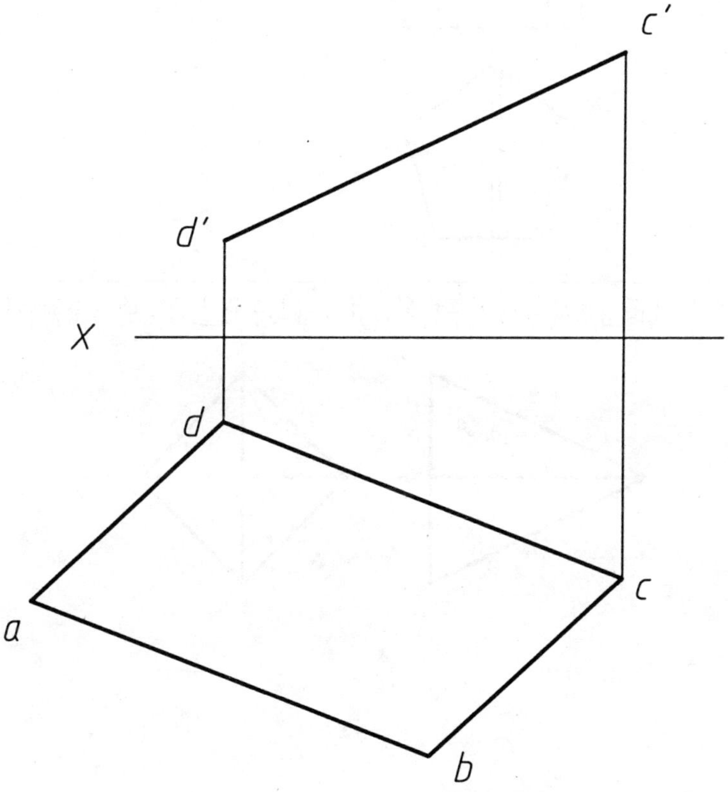

4-12 把直线*MN*旋转到△*ABC*上。

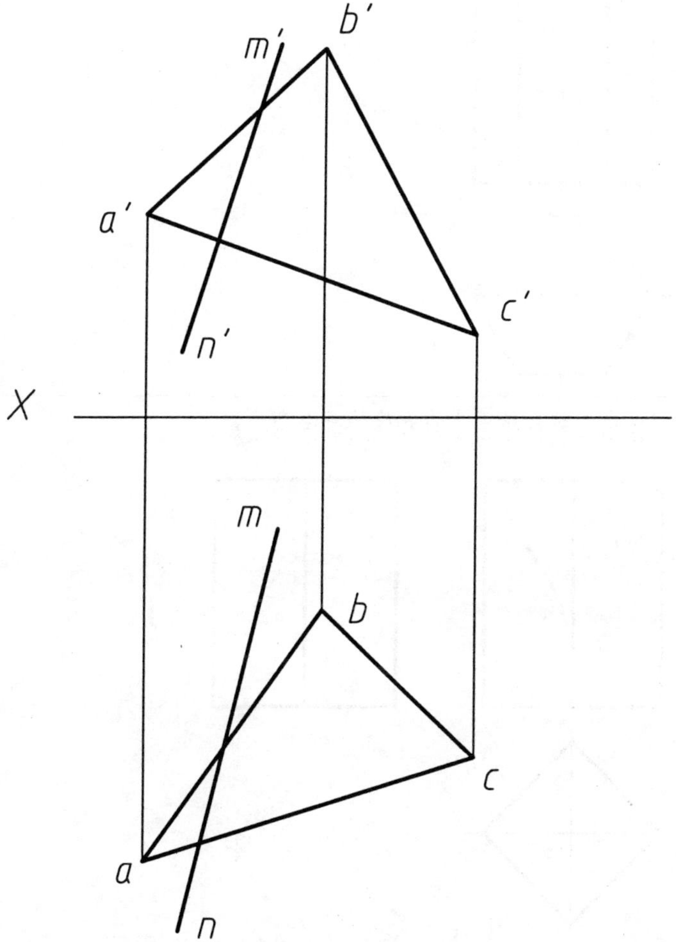

m′
b′
a′
c′
n′
X
m
b
c
a
n

5-1 已知六棱柱的两个投影和棱面上点的投影，试作出棱柱的侧面投影和各点的其余两个投影。

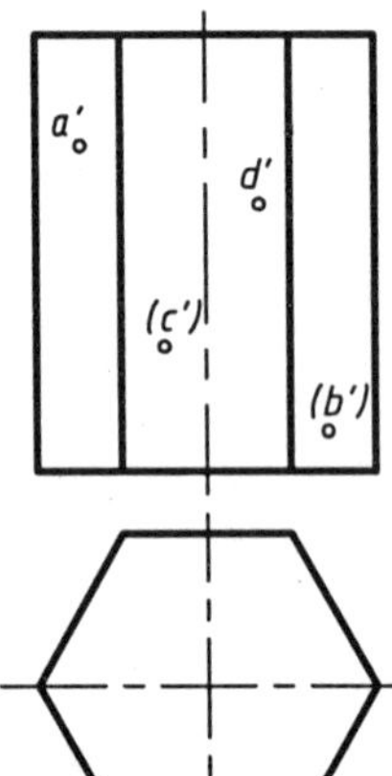

5-2 已知正五棱柱的两个投影和棱面上两点的正面投影，试作出其侧面投影和两点的其余两个投影。

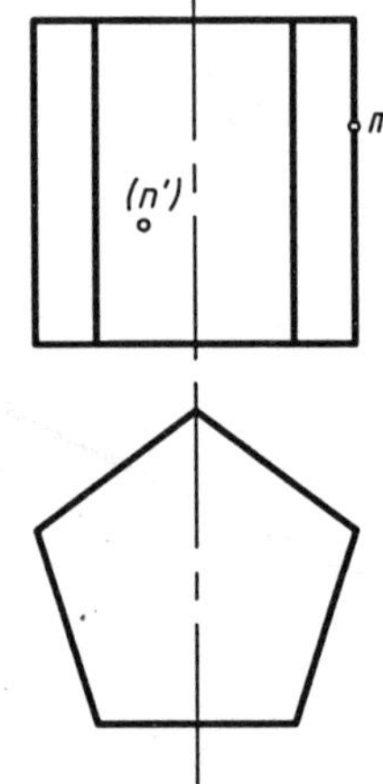

5-3 试作出四棱柱棱面上点和线的其余两投影。

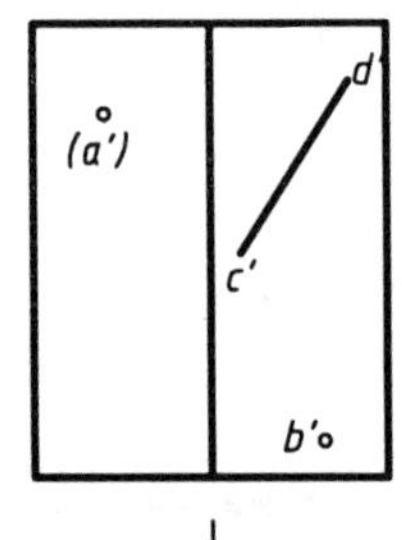

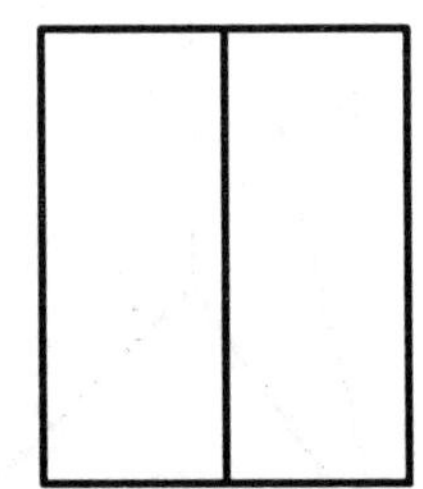

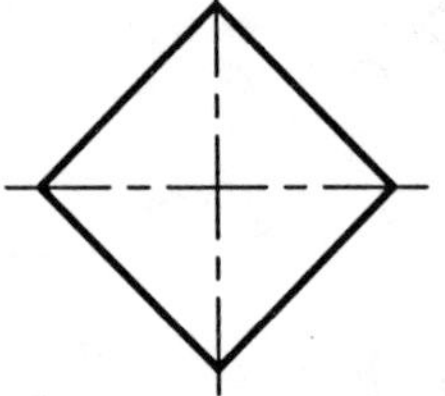

5-4 试画出四棱锥的水平投影，并找出其表面上两点的其余两投影。

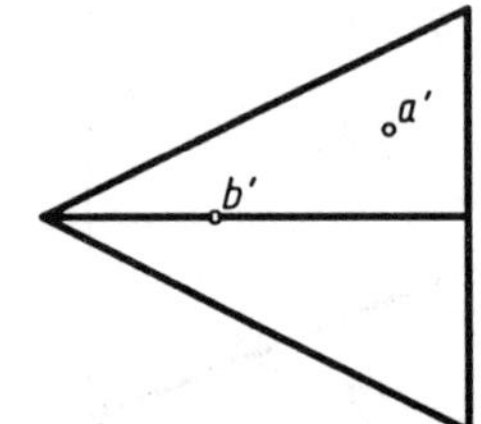

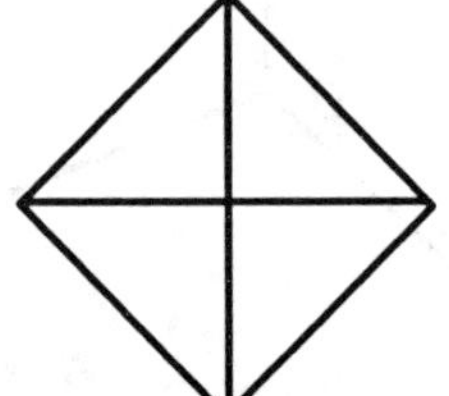

5-5 已知三棱锥的两个投影和棱面上线的投影，试作出棱锥的侧面投影和线的其余两个投影。

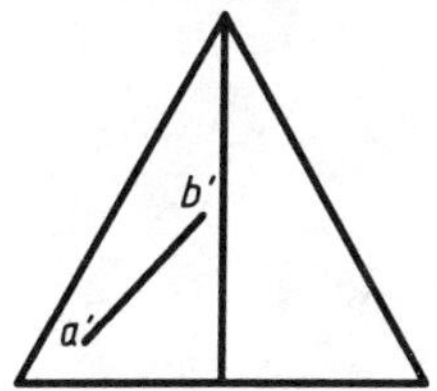

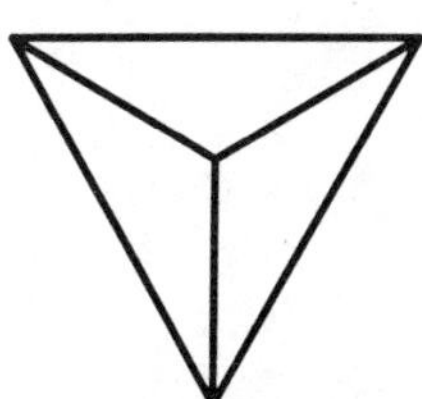

5-6 已知四棱台棱面上两点的侧面投影，试作出这两点的其余两个投影。

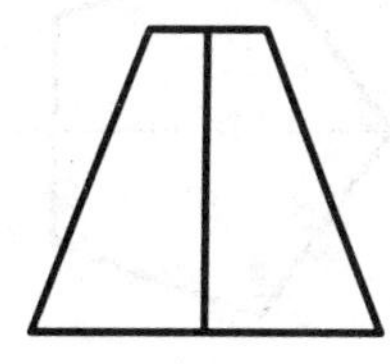

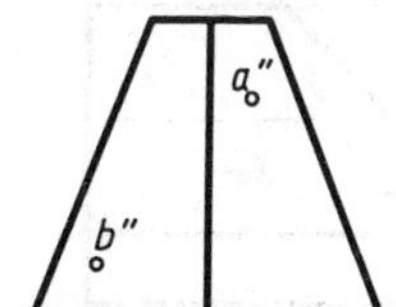

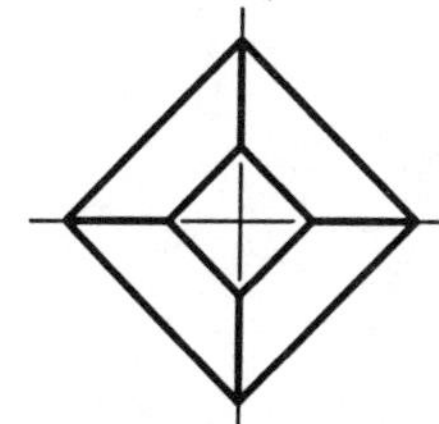

5-7 已知三棱锥的两面投影，试作出其侧面投影，并指出三个棱面与投影面的相对位置。

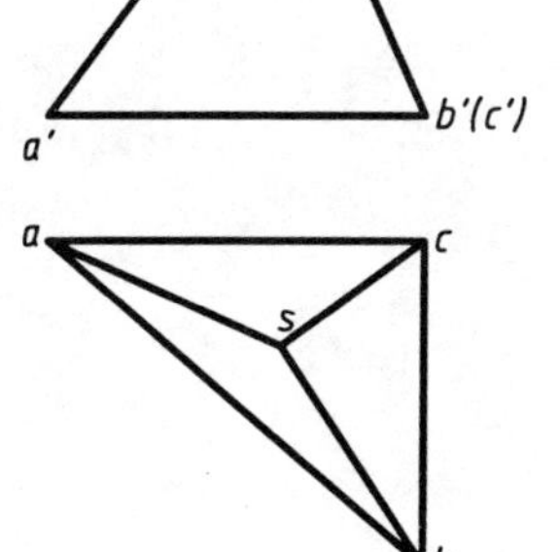

△SAB＿＿＿＿

△SAC＿＿＿＿

△SBC＿＿＿＿

5-8 已知三棱锥的两面投影及棱面上点的投影，试作出棱锥的侧面投影及各点的其余两投影。

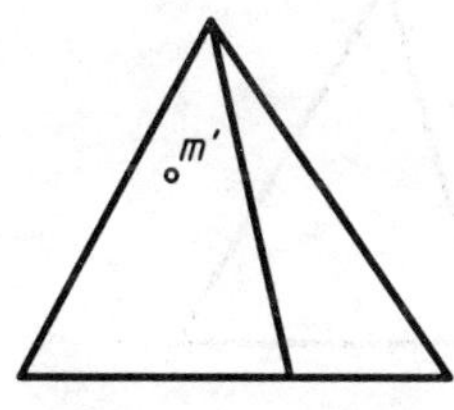

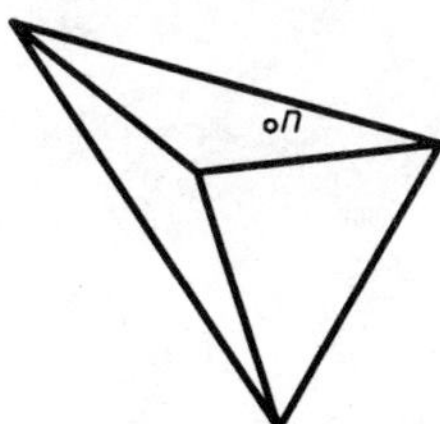

5-9 画出五棱柱被截切后的水平投影。

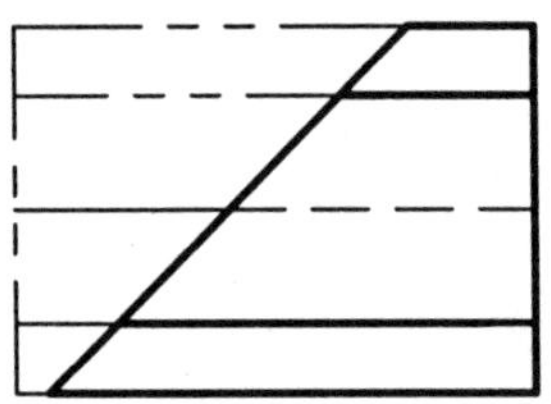

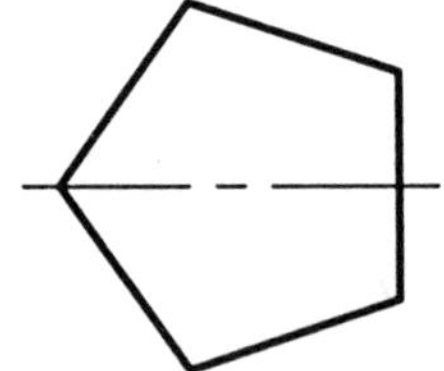

5-10 完成四棱柱被截切后的侧面投影。

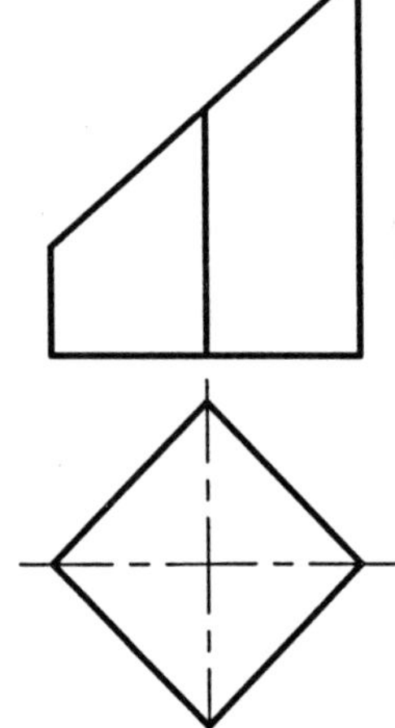

5-11 试完成正三棱锥被截切后的水平及侧面投影。

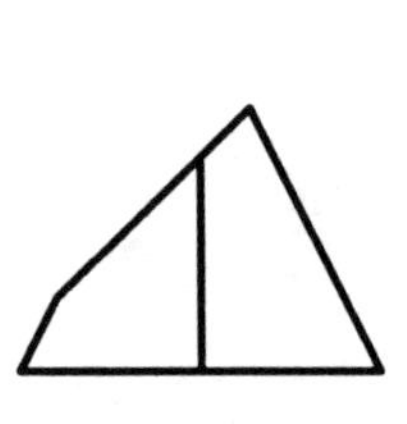

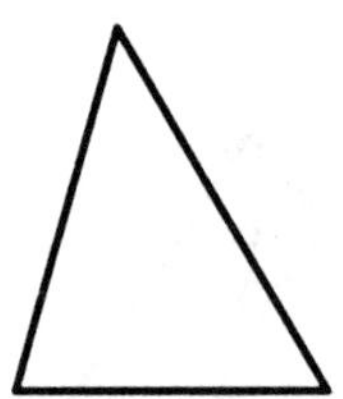

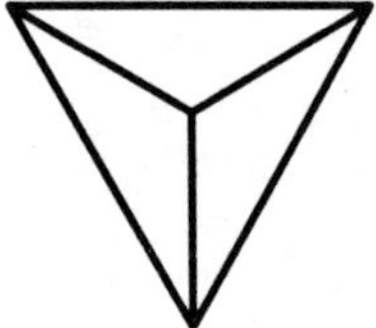

5-12 已知正四棱锥被截切后的正面投影和部分水平投影，试补全其水平投影，并作出其侧面投影。

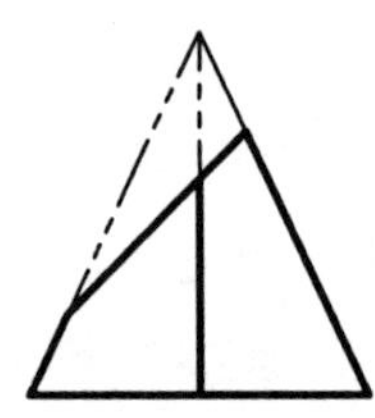

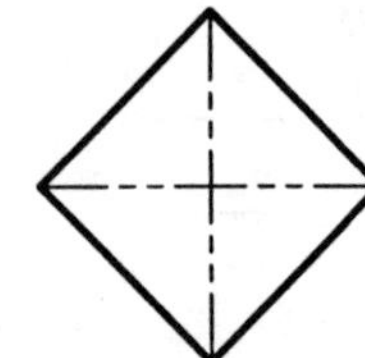

5-13 画出六棱柱被截切后的正面投影。

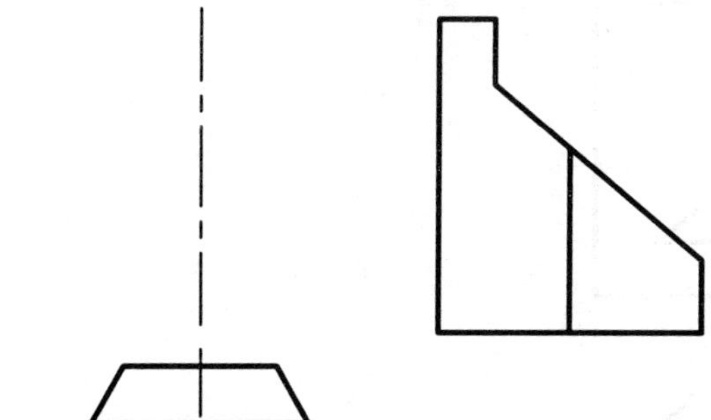

5-14 补全四棱锥被两个平面切割后的水平投影，并作出其侧面投影。

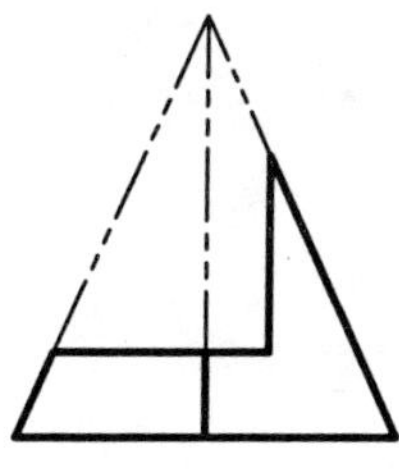

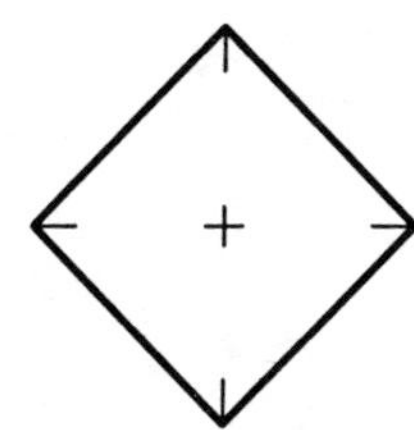

5-15 试求作带切口的四棱柱的侧面投影。

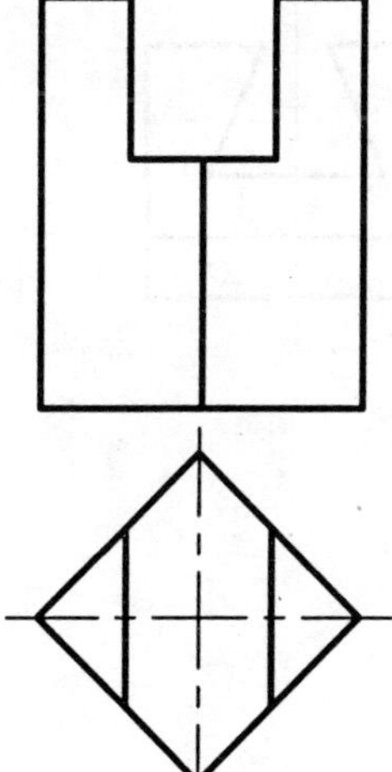

5-16 试补全带切口的四棱锥的水平投影，并作出其侧面投影。

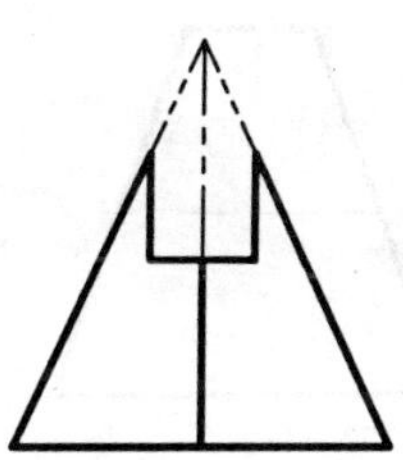

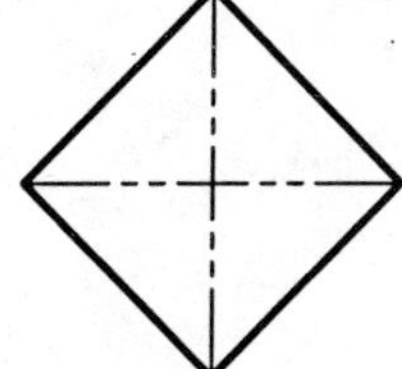

5-17 试补全带切口的三棱锥的水平投影，并作出其侧面投影。

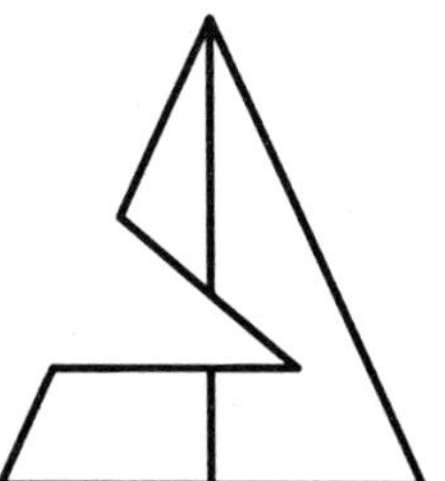

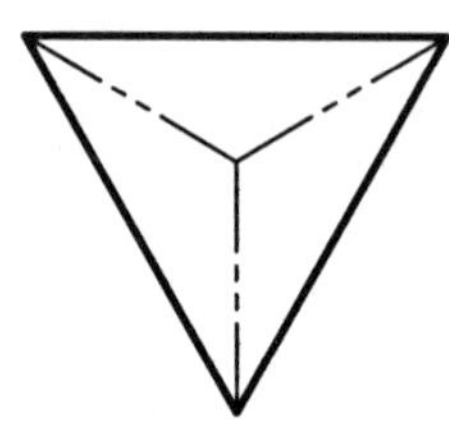

5-18 补全带切口的四棱柱的水平投影，并作出其侧面投影。

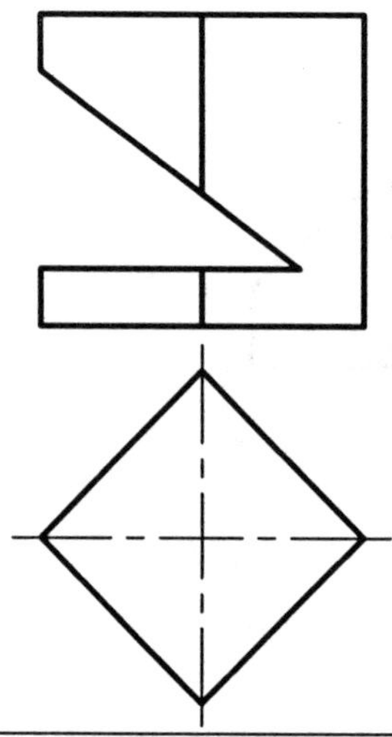

5-19 试画出被截割后的物体的水平投影。

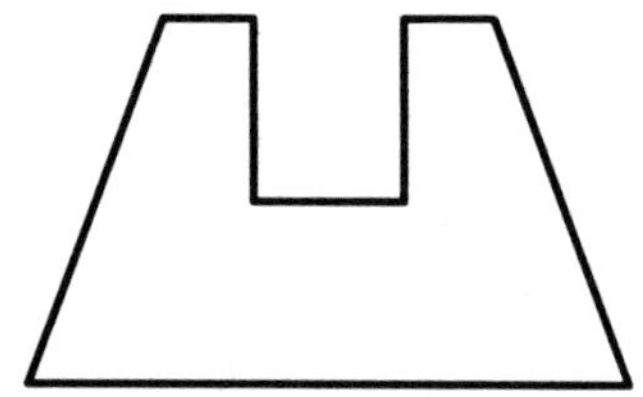

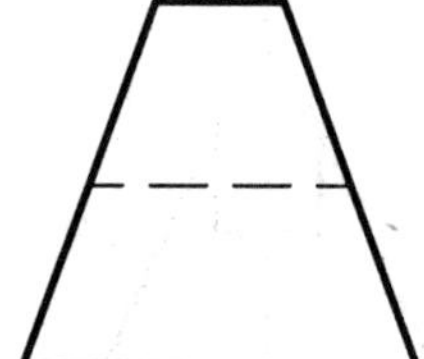

5-20 试作出被切割后的物体的水平投影。

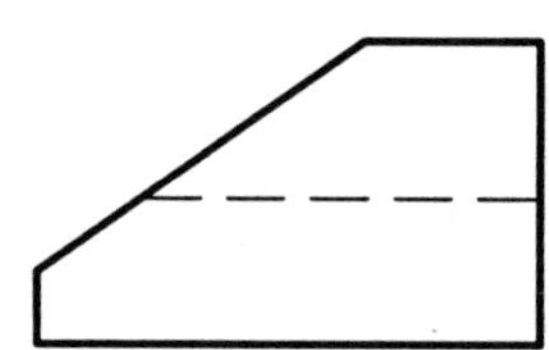

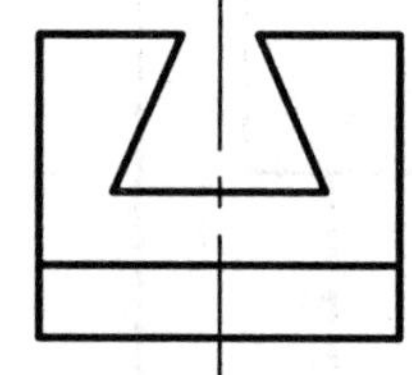

5-21 求作直线与棱柱的贯穿点的两面投影。

(1)

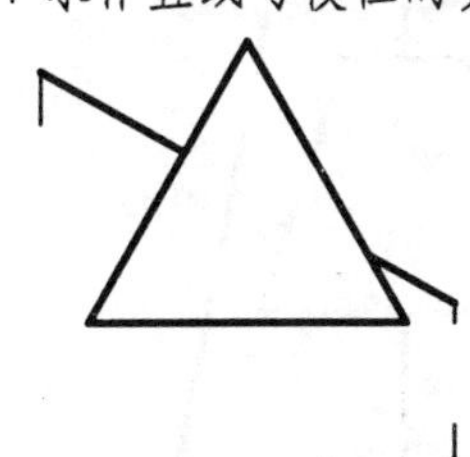

(2)

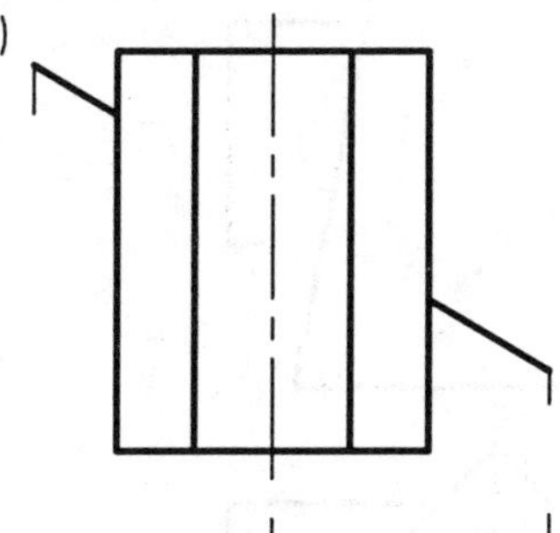

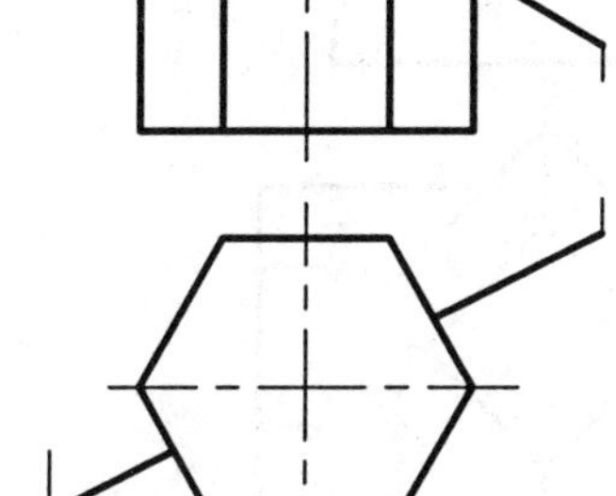

5-22 求作直线与下图中棱锥贯穿点的两面投影。

(1)

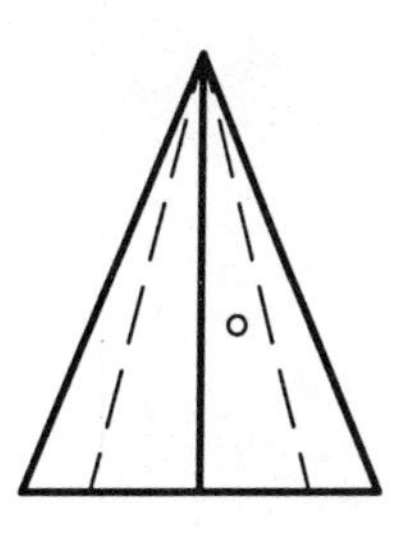

(2)

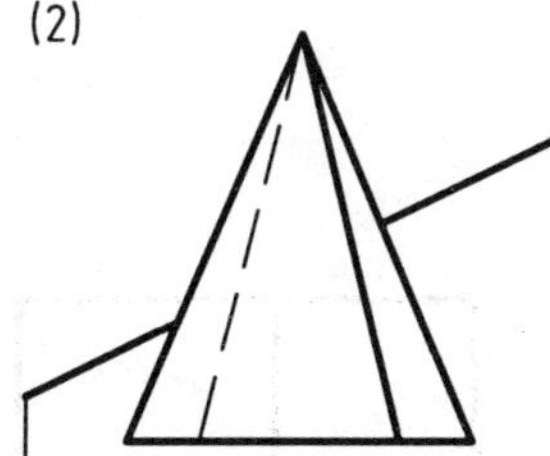

5-23 求作直线与下图中物体贯穿点的两面投影。

(1)

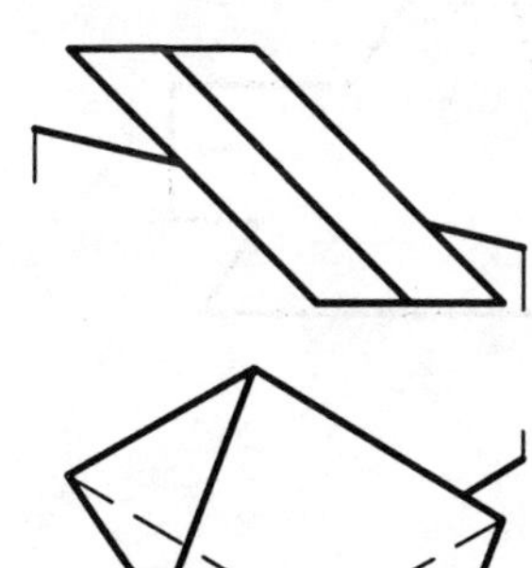

(2)

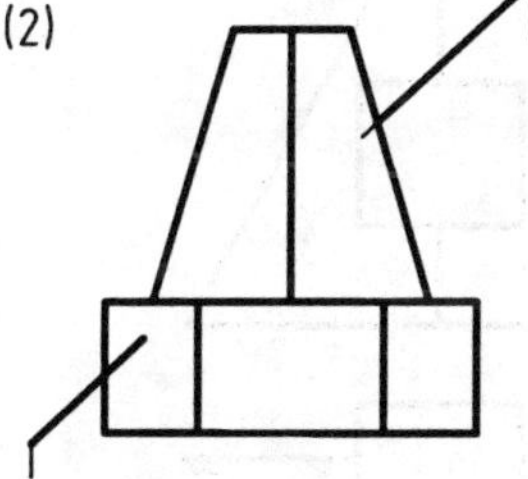

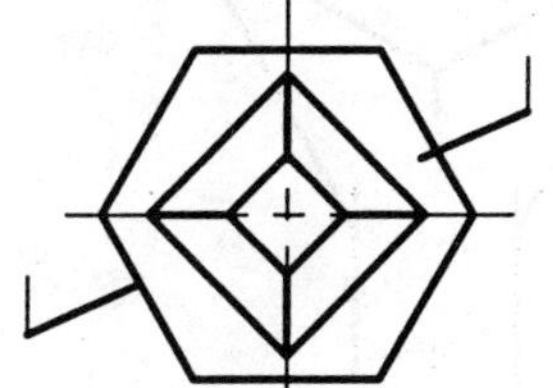

5-24 试补全三棱锥穿三棱柱通孔后的水平投影，并作出其侧面投影。

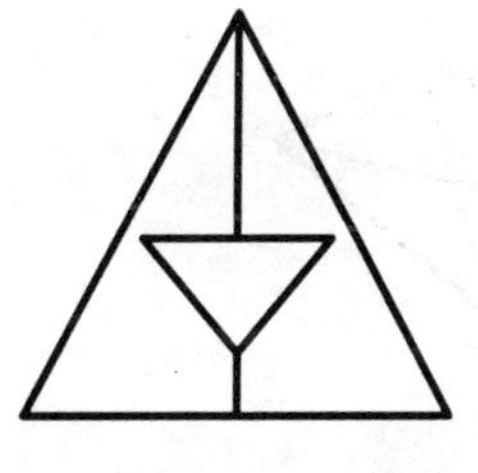

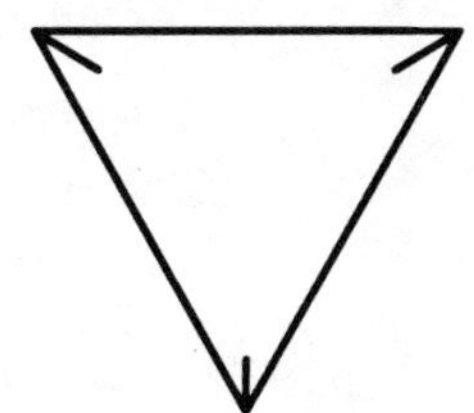

5-25 求作下列图中两平面体的相贯线的投影。

(1)

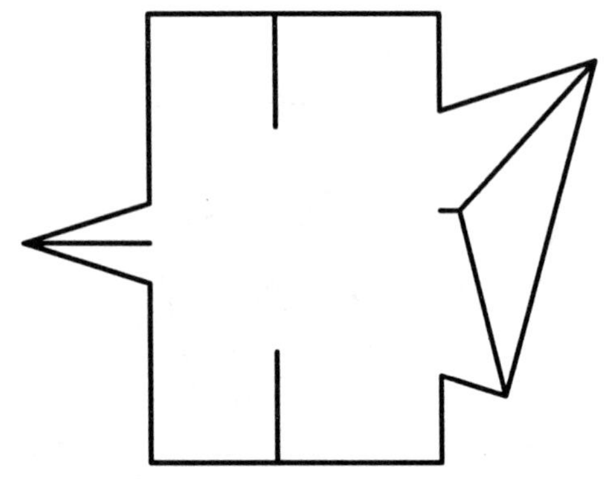

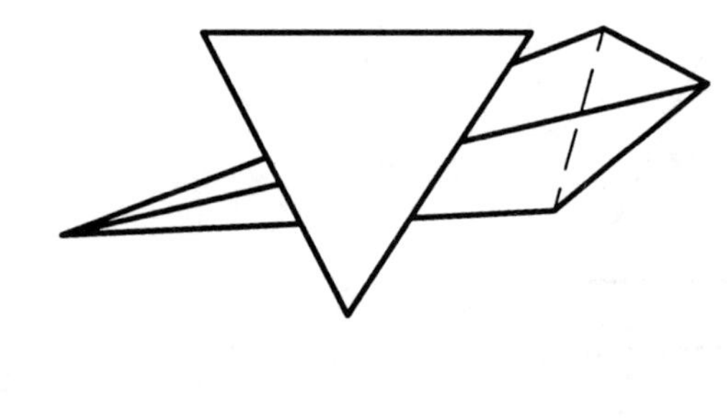

(2)

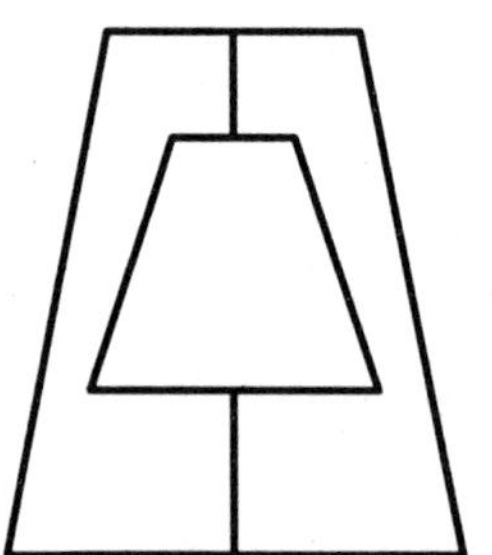

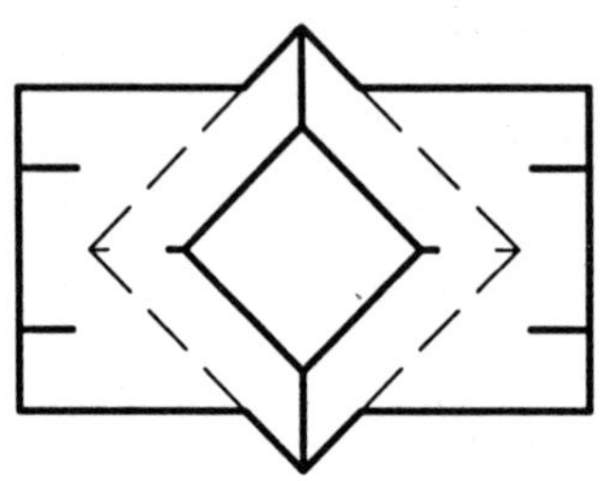

(3)

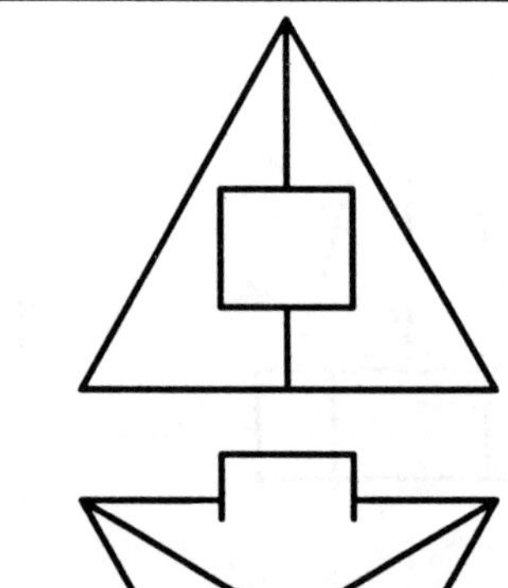

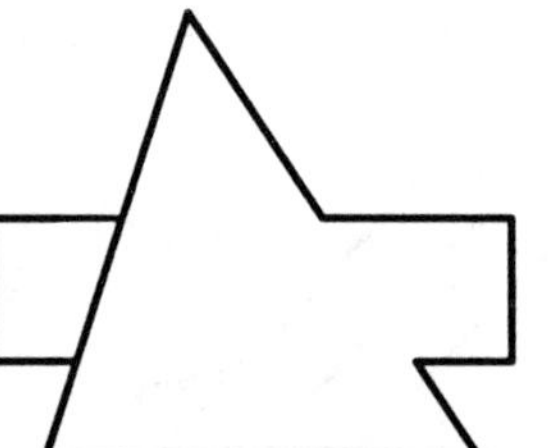

5-26 试作出房屋的水平投影。

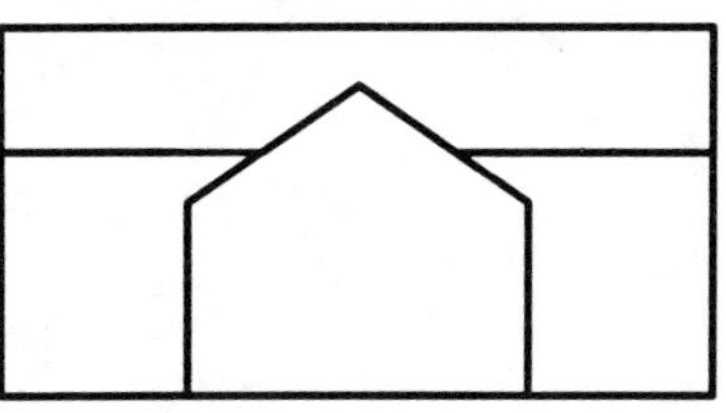

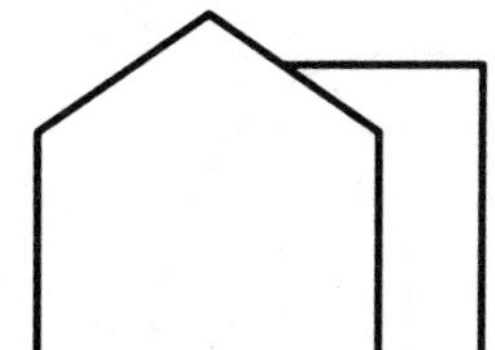

5-27 试作出屋面交线的水平投影。

5-28 已知同坡屋面檐口线的投影，屋面倾角为30°，试求屋面交线的三面投影。

(1)

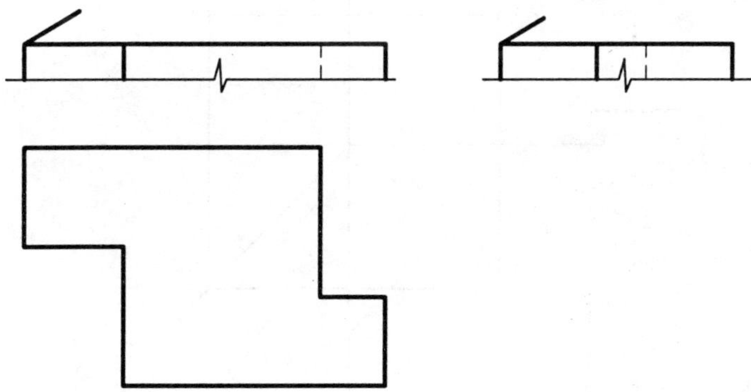

(2)

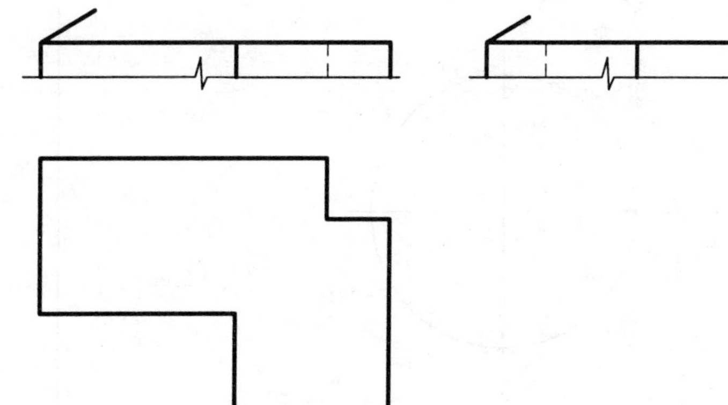

6-1 已知圆柱螺旋线的导程h，右旋，起点O的投影，试作出螺旋线的两个投影。

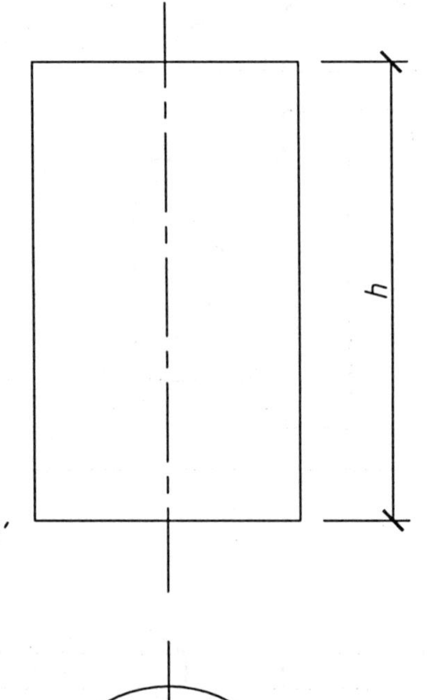

6-2 已知平面曲线的V、H投影，求其W面投影。

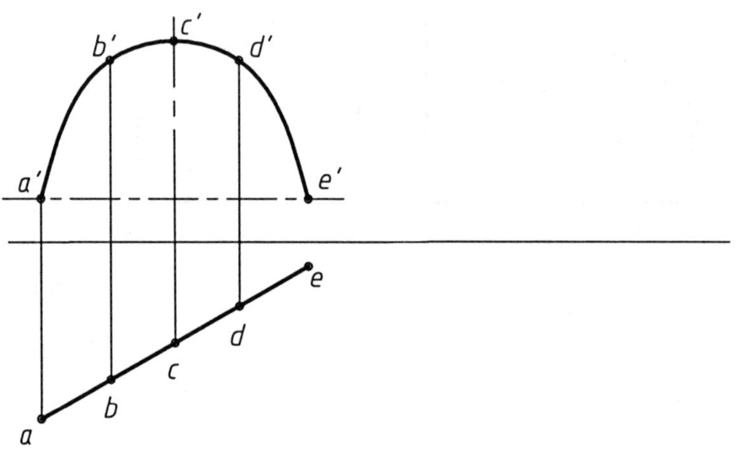

6-3 已知圆心o的投影，直径为30圆平面垂直于H面，β=30°，求圆的投影。

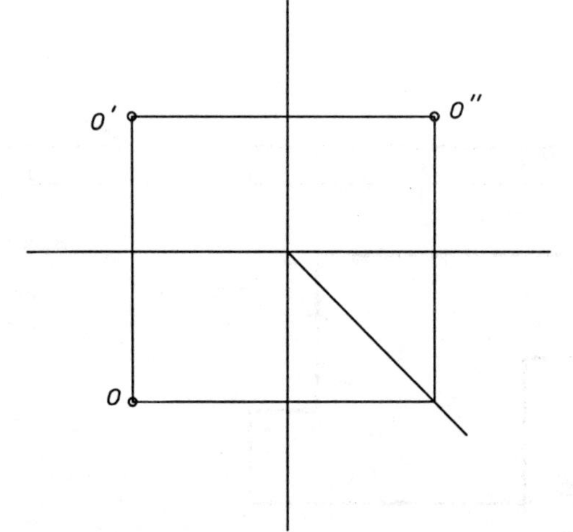

6-4 已知圆柱的两个投影，试作圆柱的H投影，和点A、B的其余投影。

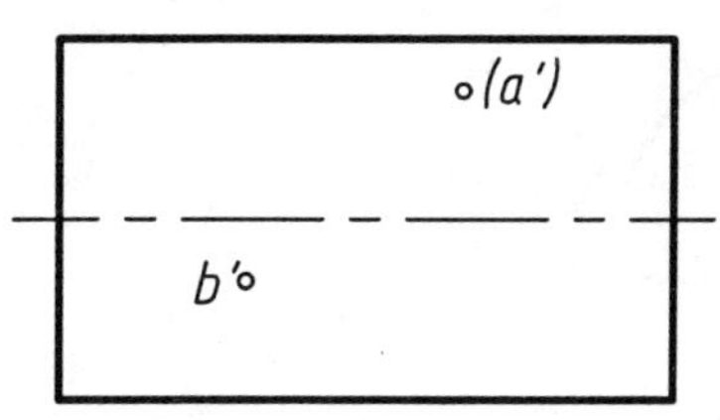

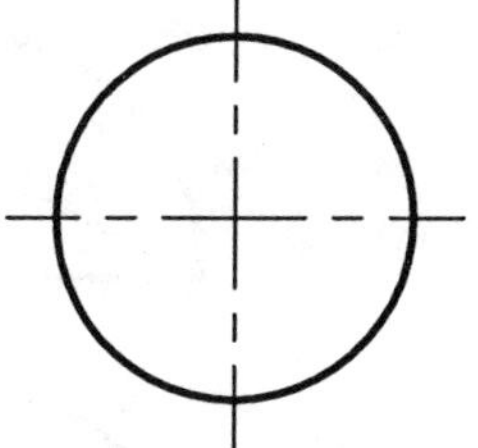

6-5 已知圆柱的V、H投影，试作W面投影和曲线ABC的其余两投影。

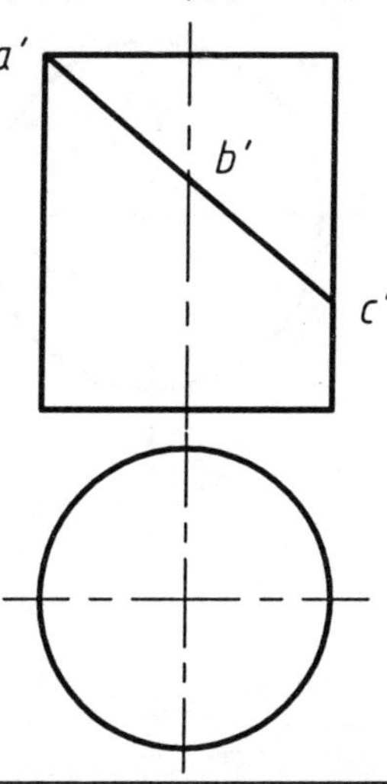

6-6 已知圆锥的V、H投影，求其W面投影，并求出其表面曲线BC和点A、E的其余投影。

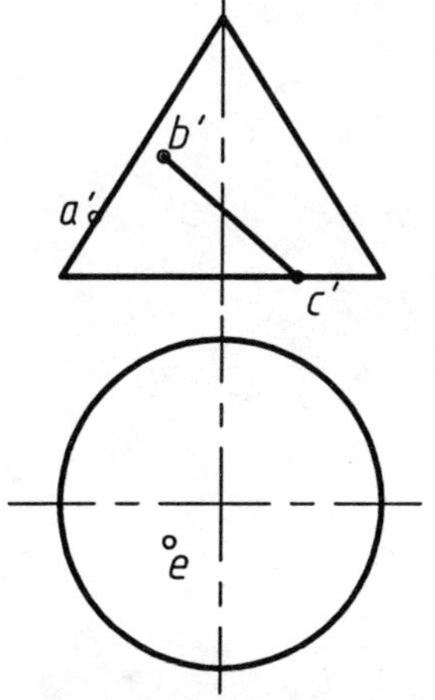

6-7 已知圆台的V、W投影，求圆台的H投影，并求其表面曲线AB、CD的其余投影。

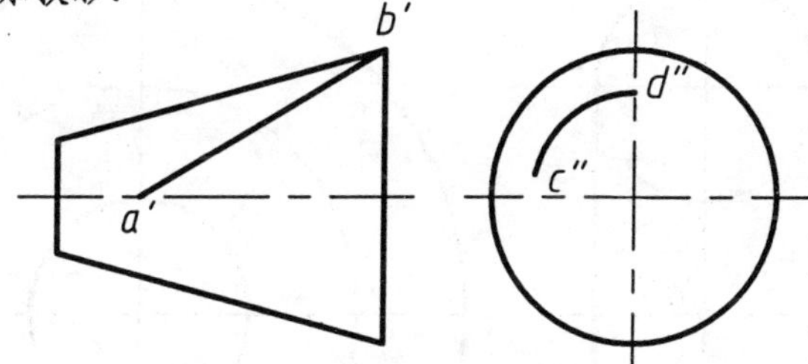

班级________ 姓名________ 学号________ 评阅

6-8 已知圆球面上各点*A*、*B*、*C*、*D*、*E*的投影，试作各点的其余投影。

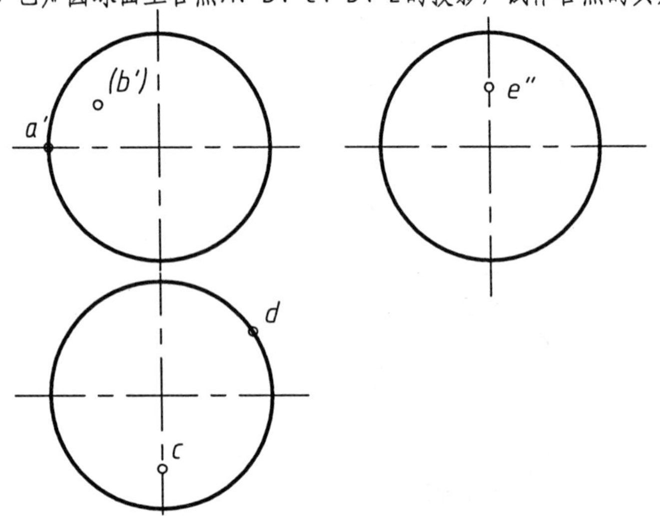

6-9 已知半球的*V*、*H*投影，试作*W*面投影和曲线*ABC*的其余两投影。

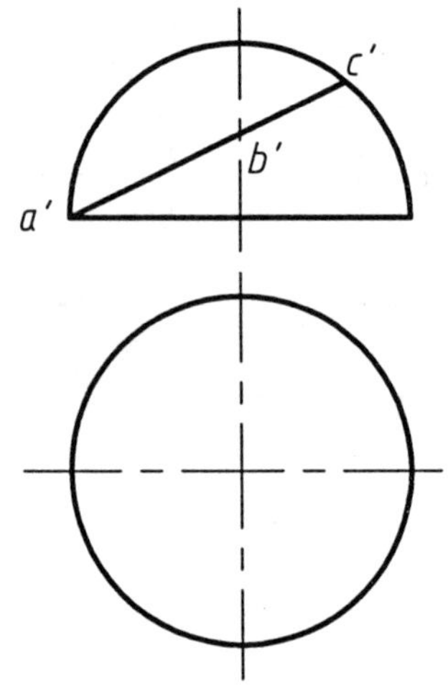

6-10 已知环面上各点的一个投影，求另一投影。

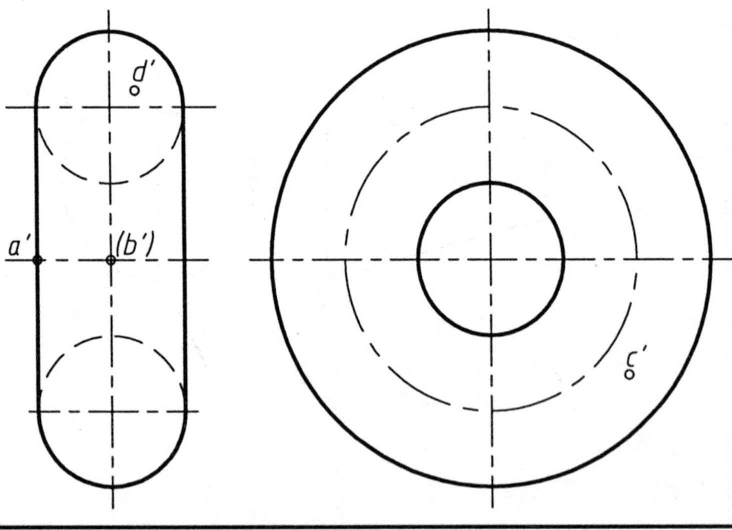

6-11 已知锥状面直导线*AB*曲导线*CD*的两个投影，导平面为*W*面，求其曲面的*W*面投影和曲面上素线的三个投影。

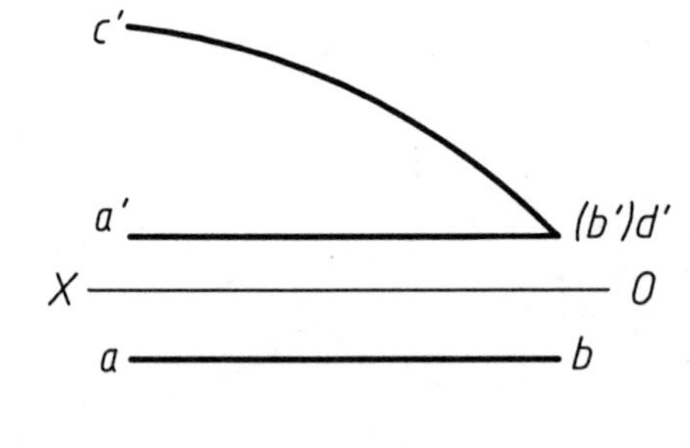

6-12 以直线AB和曲线CD为导线，V面为导平面，试作锥状面的投影。

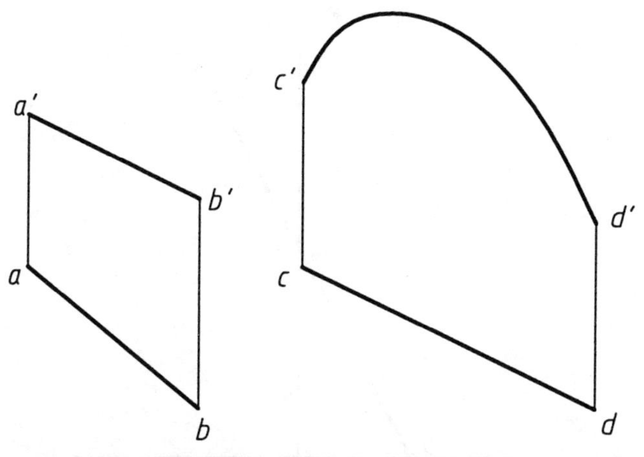

6-13 已知柱状面两条曲导线(椭圆和圆)的投影，导平面为V面，求该曲面的W面投影和曲面上素线的投影。

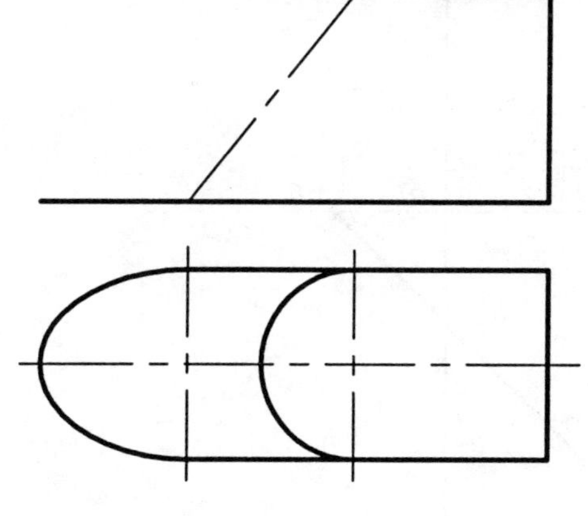

6-14 已知双曲抛物面直导线AB和CD的V、H投影，导平面为V面，试作该曲面上素线的投影和包络线。

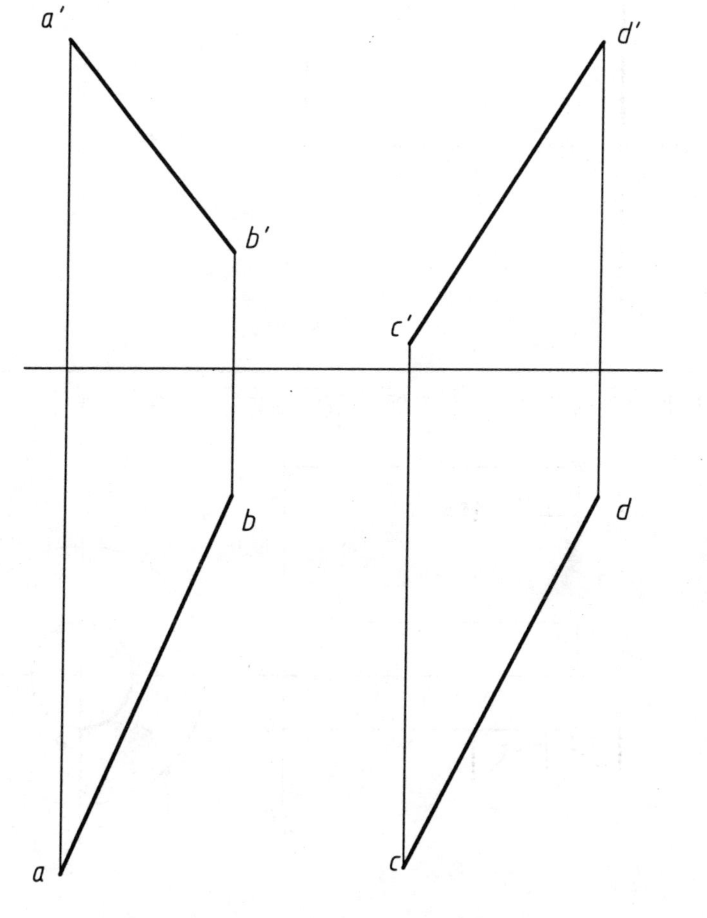

6-15 已知双曲抛物面直导线*AB*和*CD*的两个投影，*H*面为导平面，试作该曲面的*W*面投影和曲面上素线的投影。

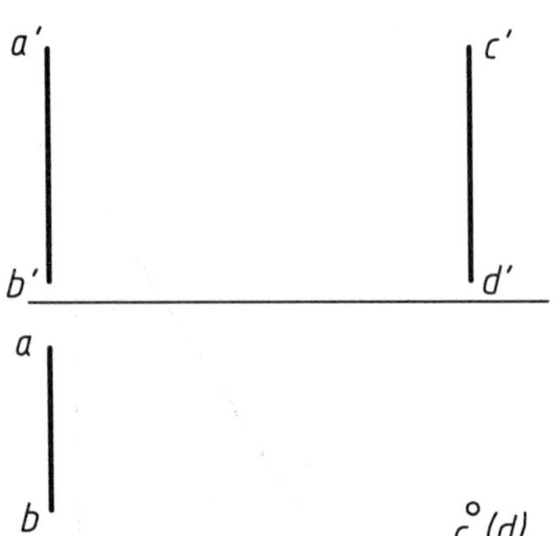

6-16 求母线为*AB*，导程为*h*的右旋平螺旋面，并判别可见性。

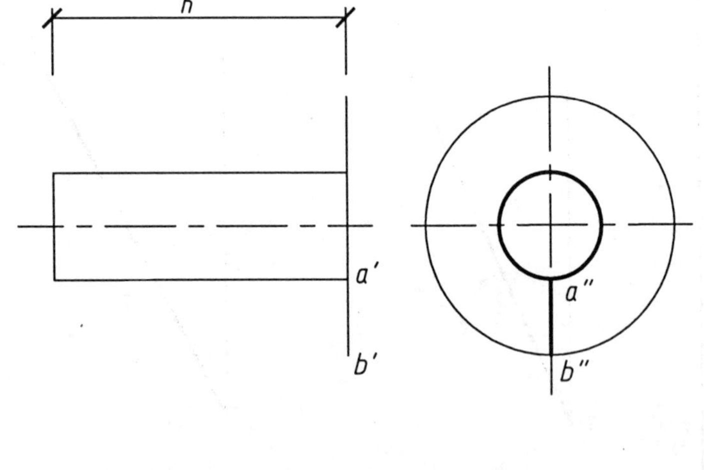

6-17 已知直母线*AB*和轴线*O-O*的*V*、*H*投影，试作单叶双曲回转面的*V*、*H*投影。

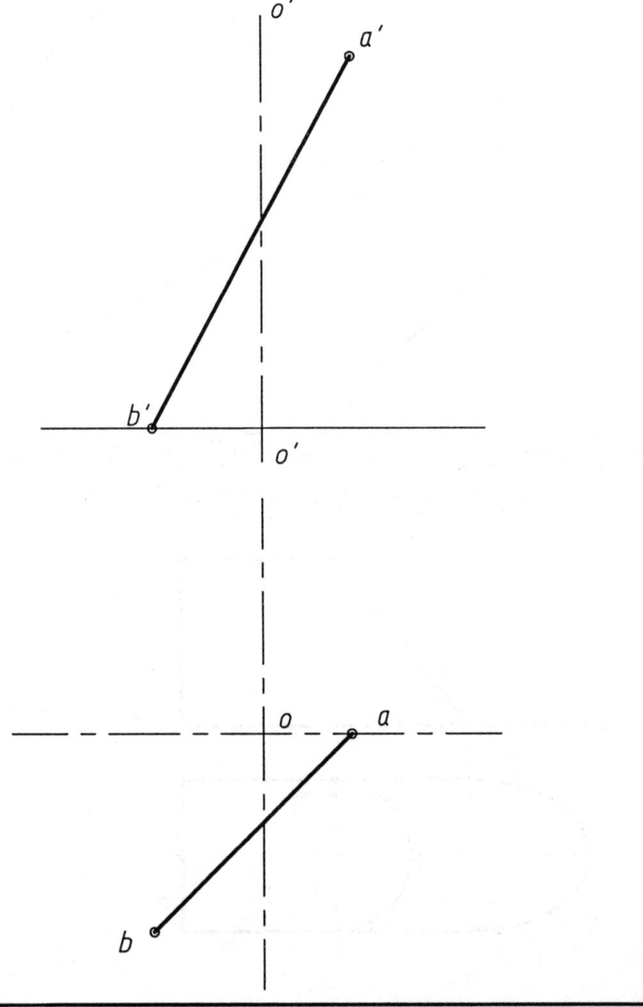

 班级________姓名________学号________评阅

6-18 已知楼梯扶手弯头断面的V、H面投影，试作出平螺旋面组成的扶手弯头的V投影。

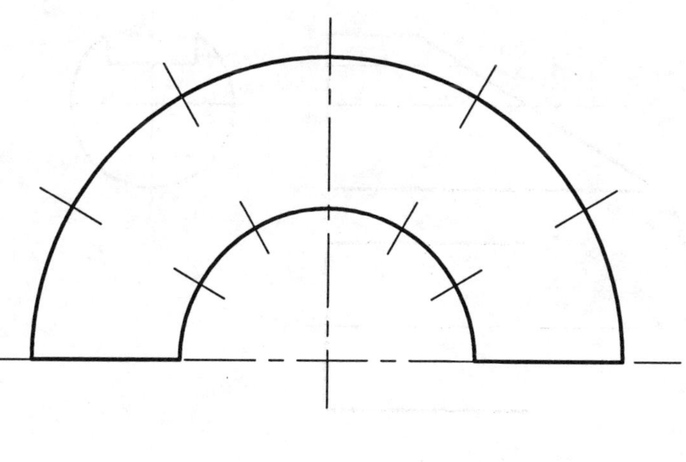

6-19 已知螺旋楼梯内外圆柱直径D、d，导程h，踏步高为$\frac{h}{9}$，踏面板厚$\frac{h}{9}$，试作出右旋螺旋楼梯的投影。

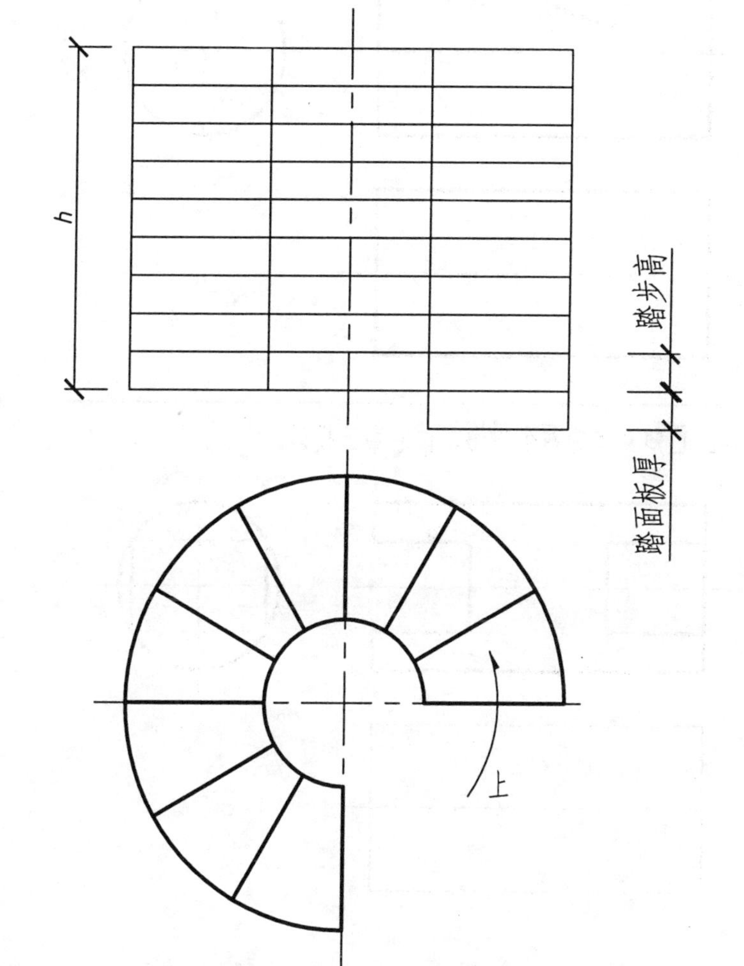

七、曲面立体表面的交线

班级__________ 姓名__________ 学号__________ 评阅

7-1 已知圆柱体被截切后的正面投影，试求其余两投影。

(1)

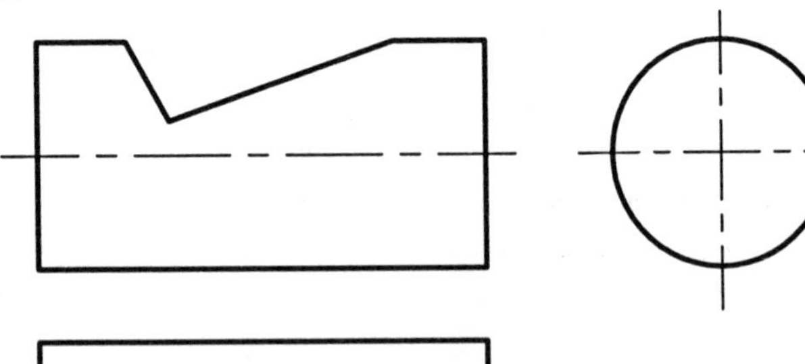

(2)

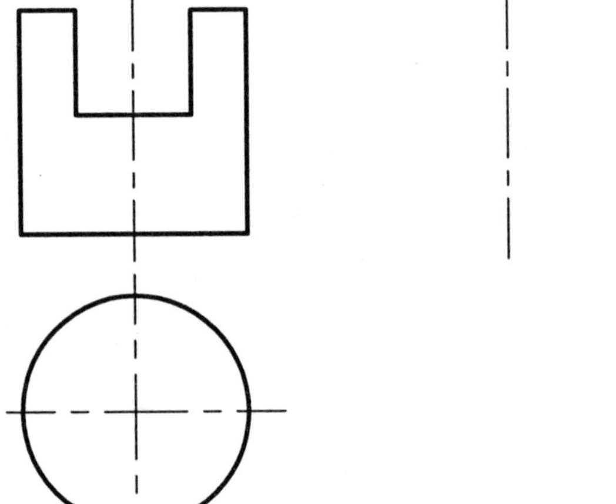

7-2 已知立体的两个投影，试求第三投影。

(1)

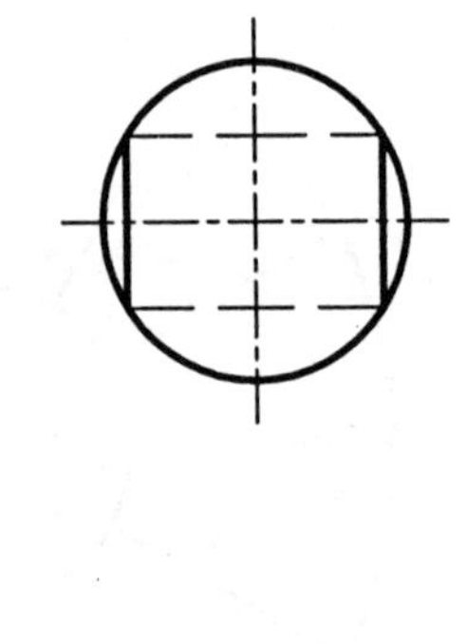

(2)

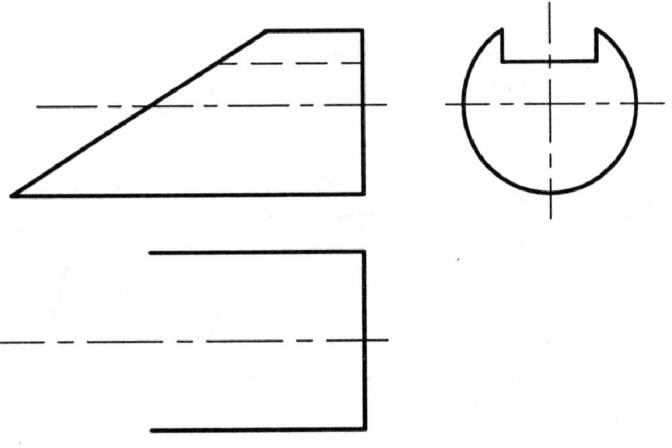

7-3 已知立体的两个投影，试求其第三投影。

(1)

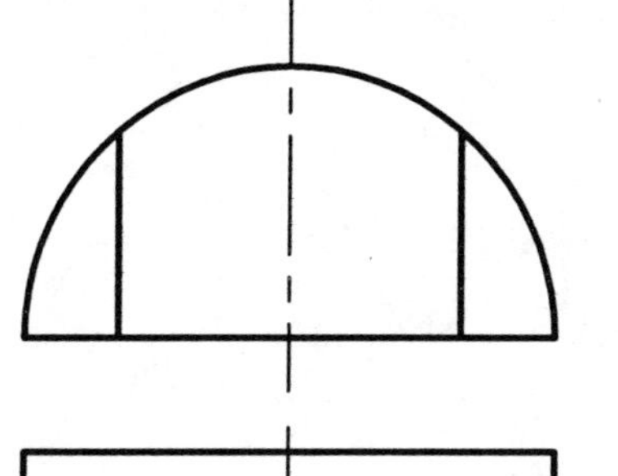

(2)

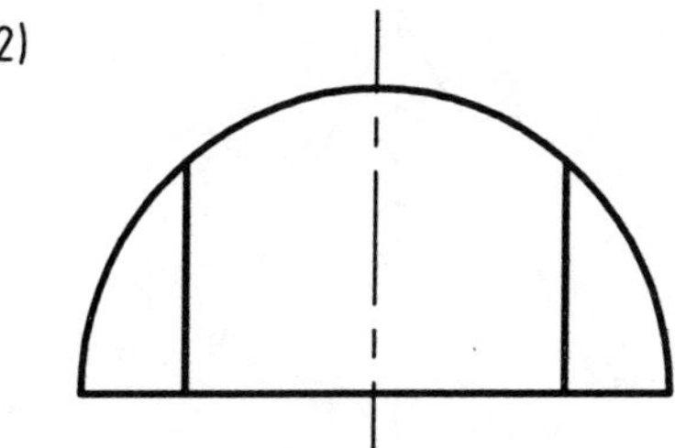

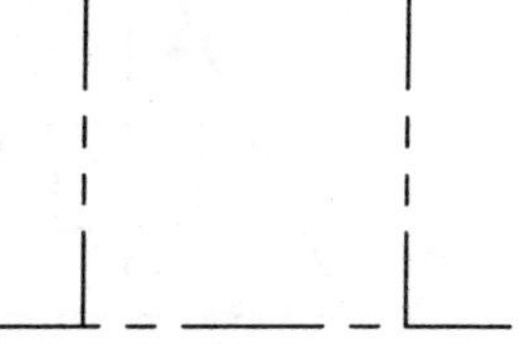

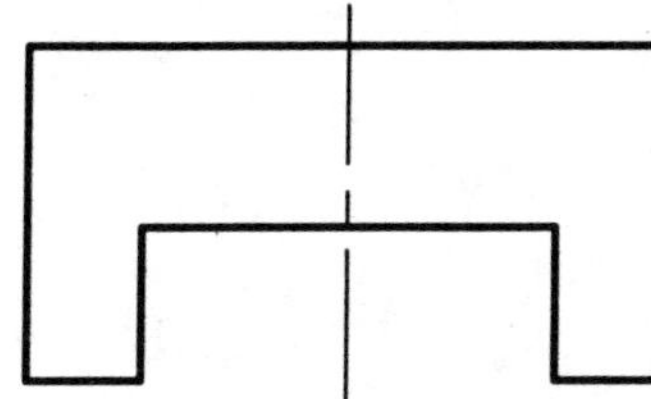

7-4 已知圆锥被截切后的正面投影，试求其水平和侧面投影。

(1)

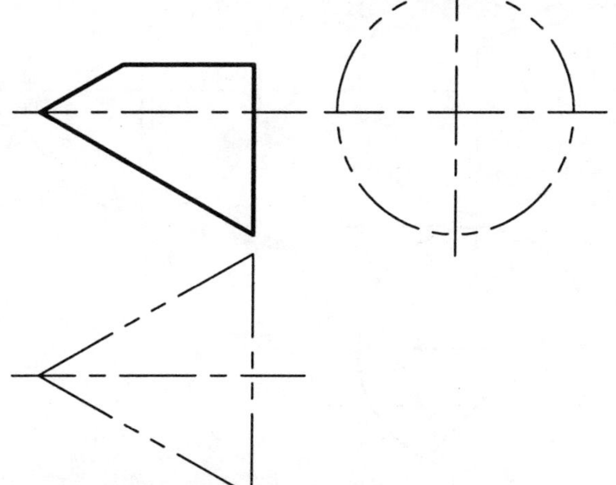

(2)

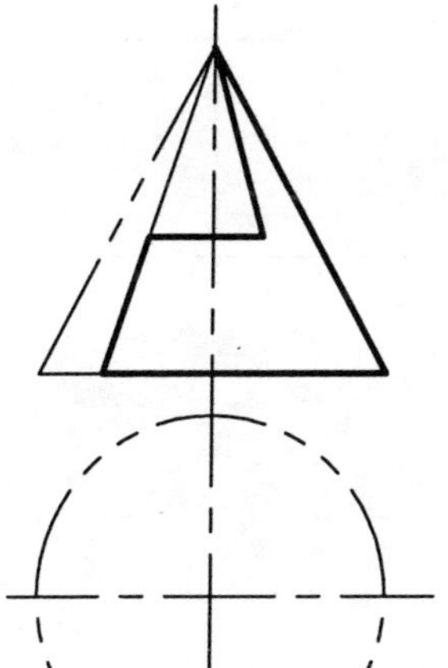

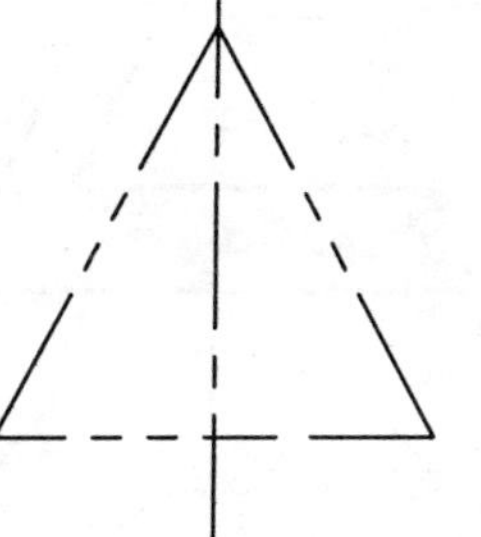

7-5 已知圆锥穿方孔后的正面投影，试求其水平和侧面投影。

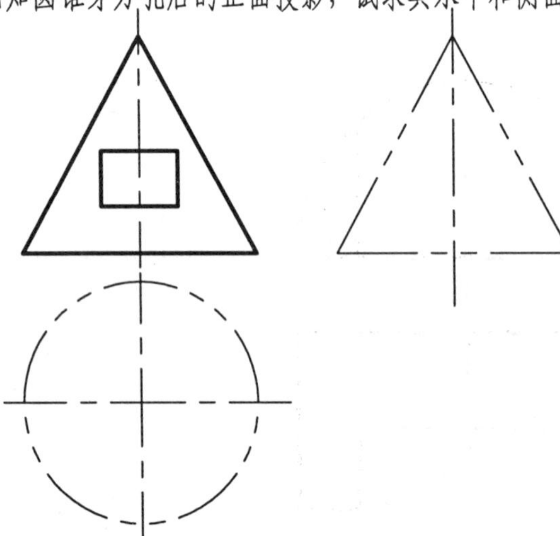

7-6 已知圆锥被截切后的正面投影，试求其水平和侧面投影。

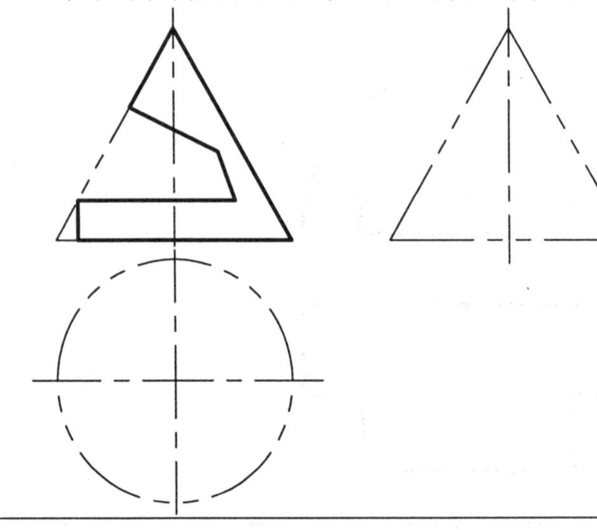

7-7 已知圆台被截切后的正面投影，试求其水平和侧面投影。

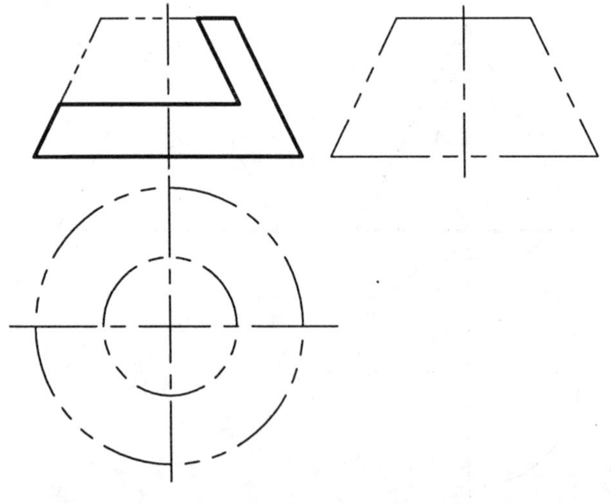

7-8 已知圆球被截切后的水平投影，试求其正面和侧面投影。

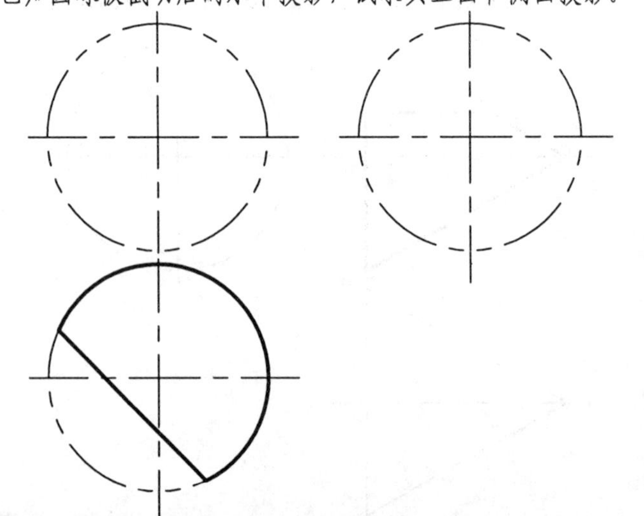

7-9 已知半球被截切后的侧面投影，试求其正面和水平投影。

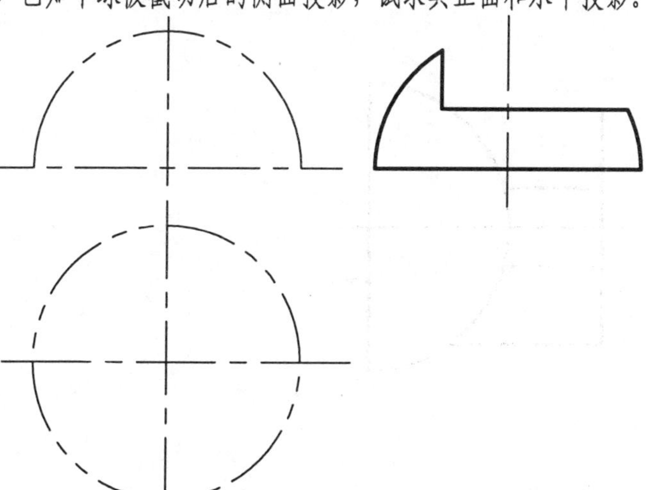

7-10 已知空心半球被截切后的水平投影，试求其正面投影。

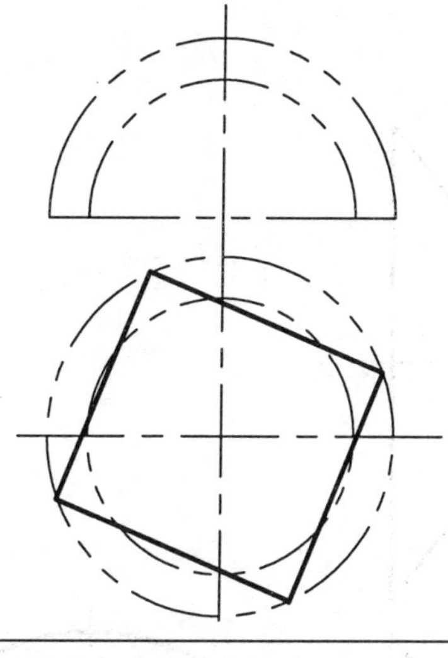

7-11 已知同轴回转体被截切后的两投影，试求其水平投影。

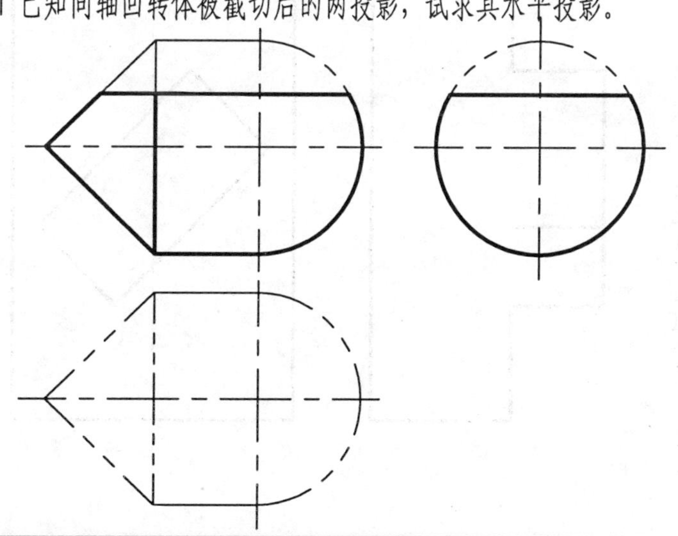

7-12 试求四棱柱与半球的相贯线。

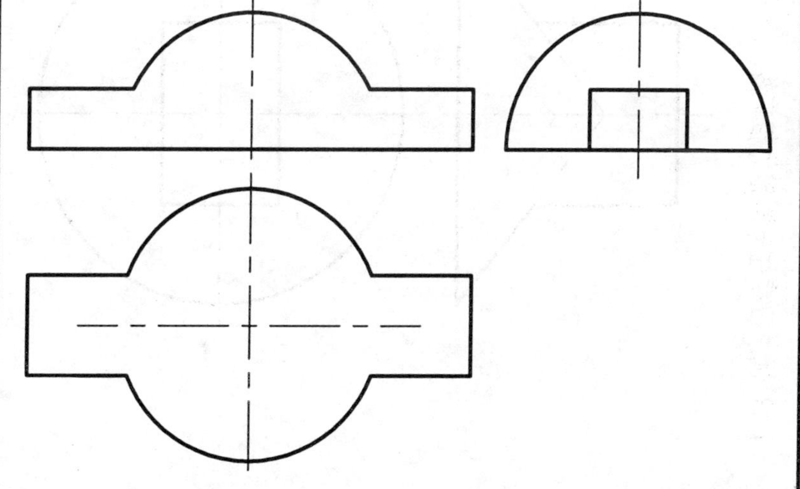

班级__________姓名__________学号__________评阅

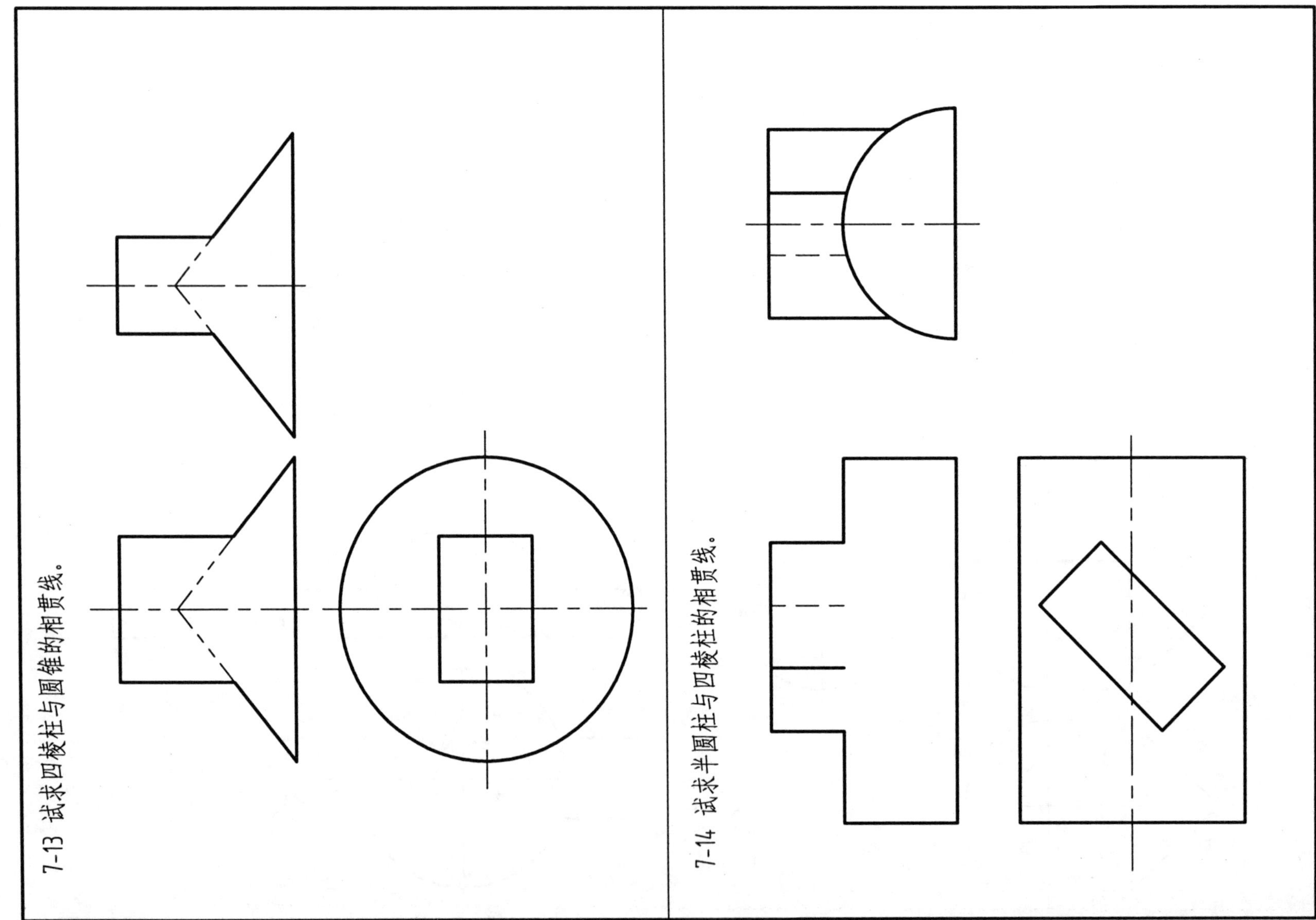

班级________姓名________学号________评阅

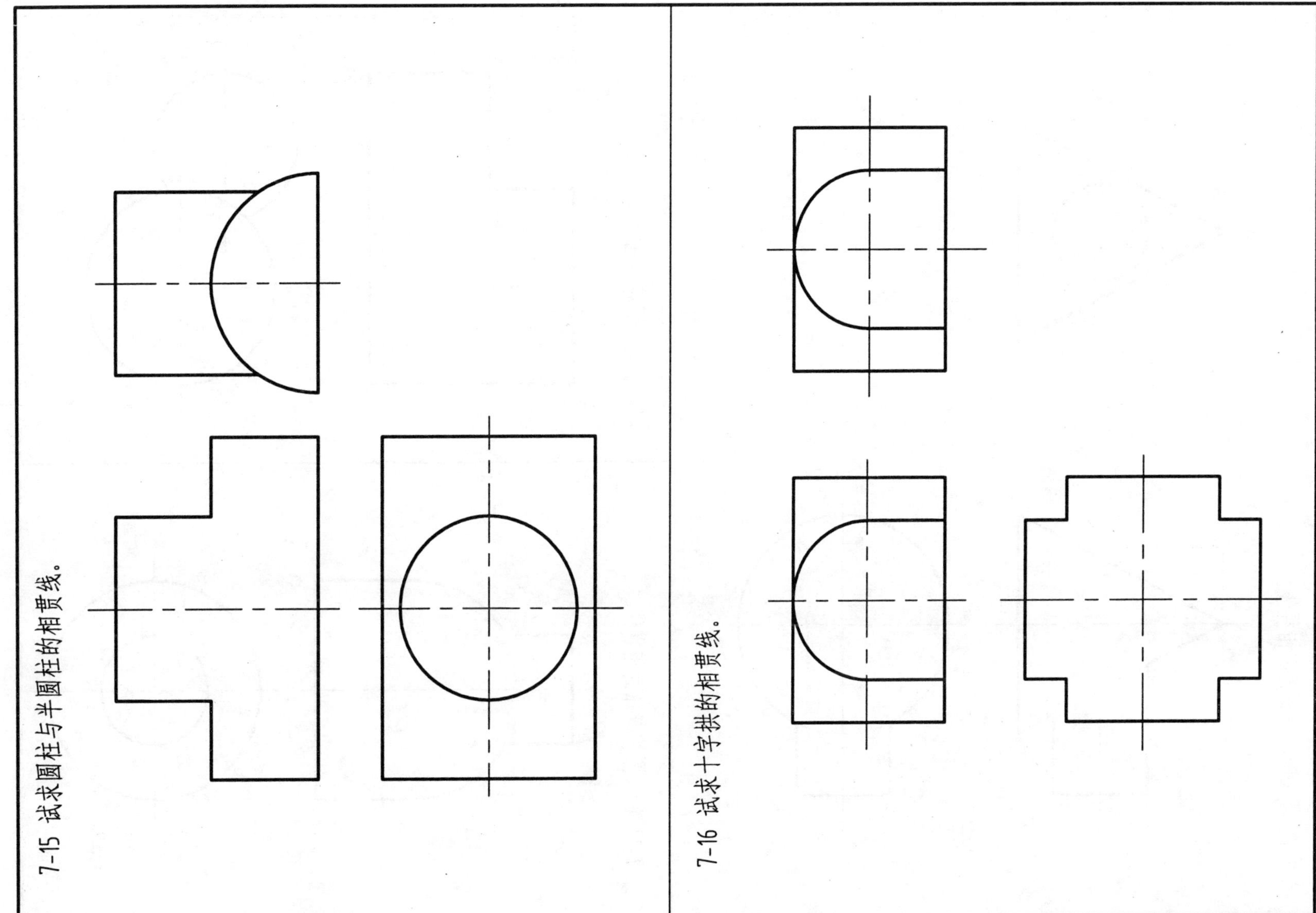

7-15 试求圆柱与半圆柱的相贯线。

7-16 试求十字拱的相贯线。

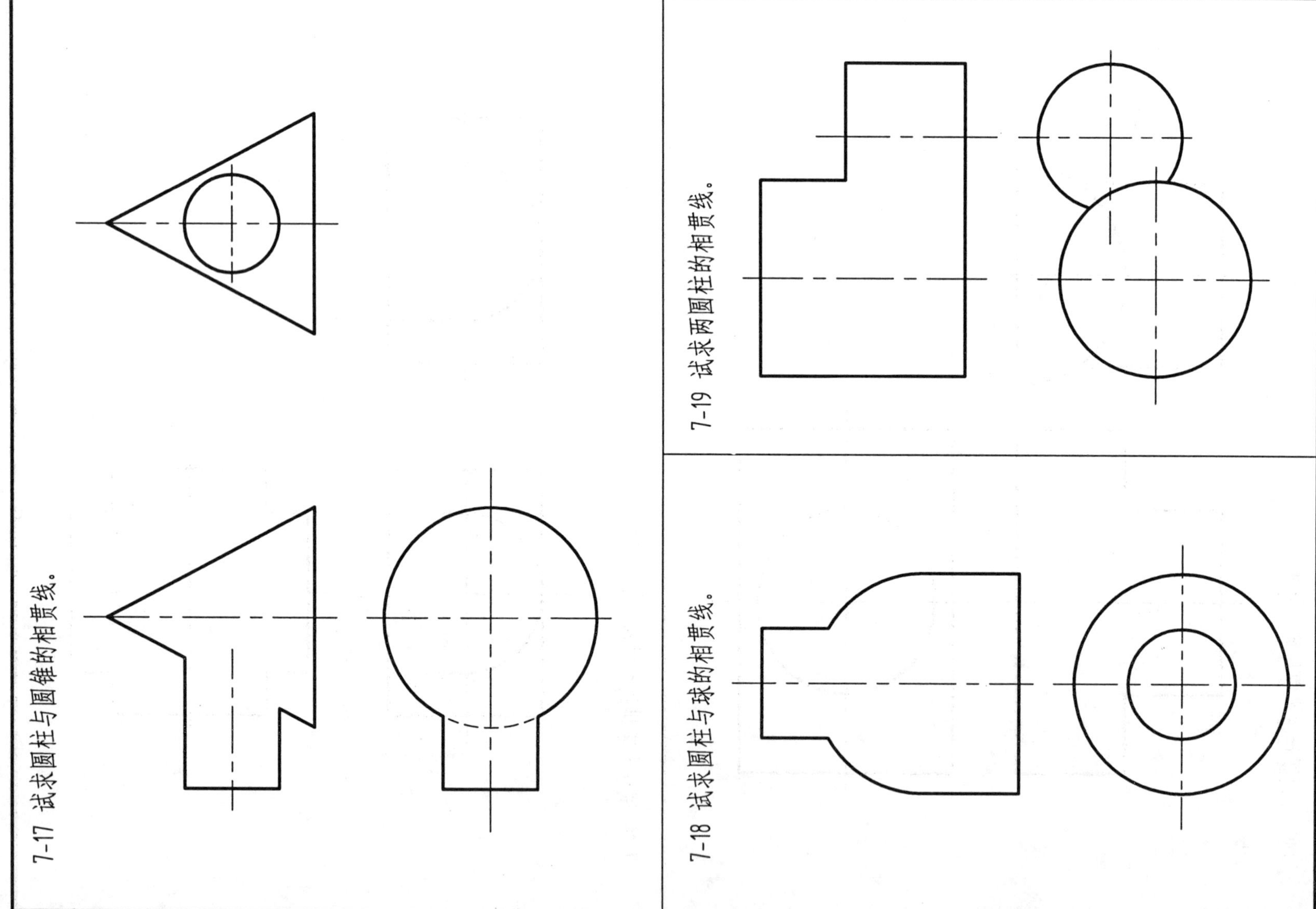

7-17 试求圆柱与圆锥的相贯线。
7-19 试求两圆柱的相贯线。
7-18 试求圆柱与球的相贯线。

7-20 圆柱与圆柱相贯，试求其内外表面的相贯线。

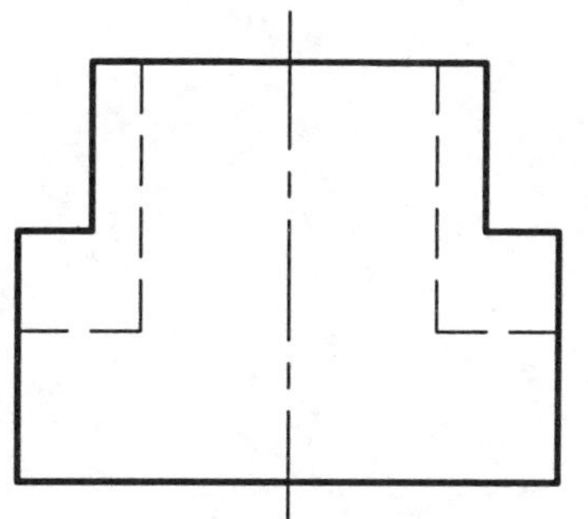

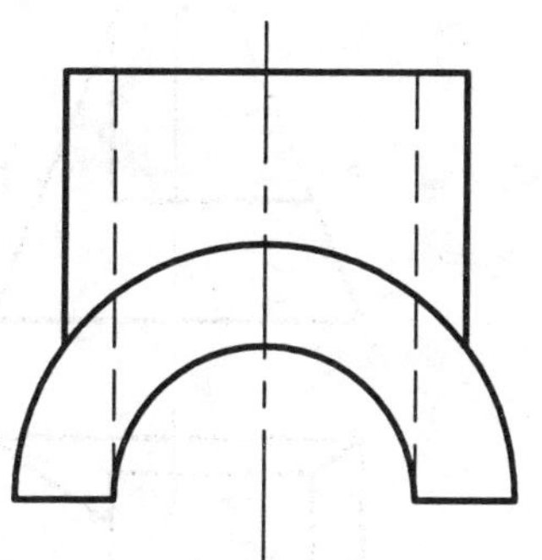

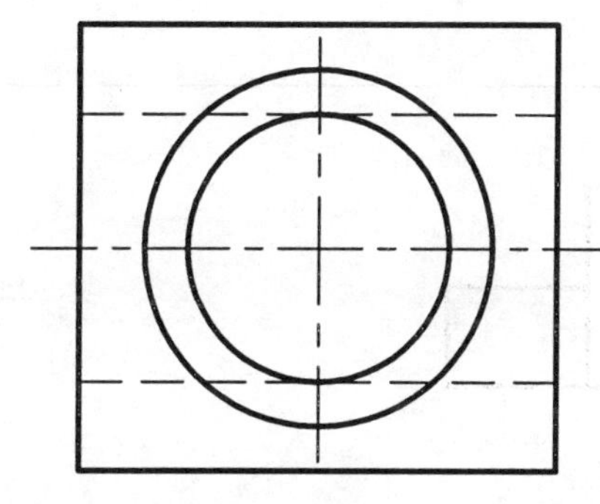

7-21 试求圆柱与球的相贯线。

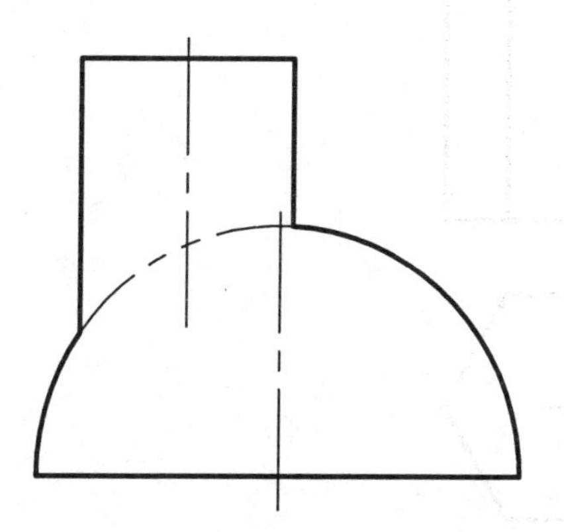

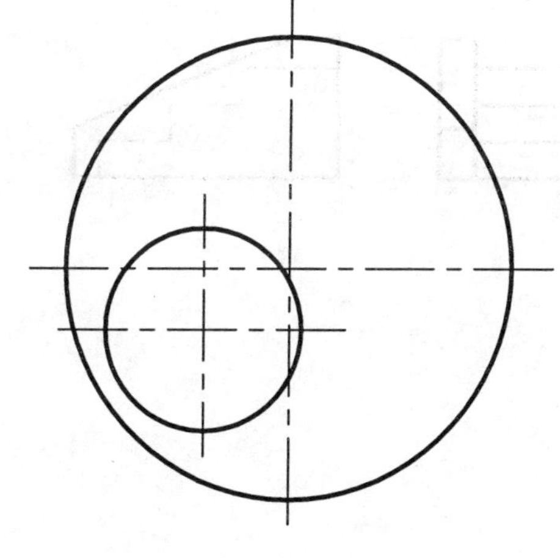

8-1 试根据正投影图作正等轴测图。

(1)

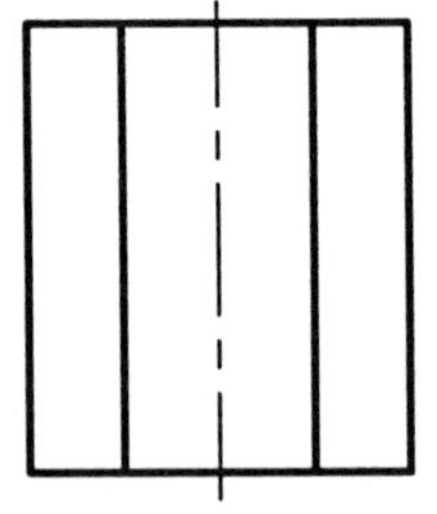

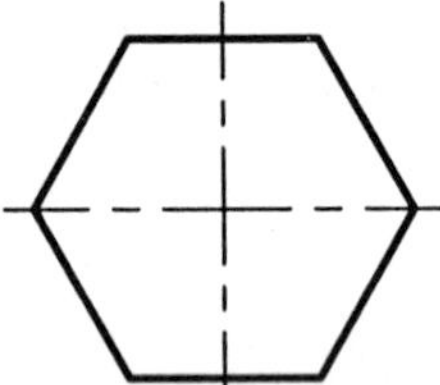

(2)

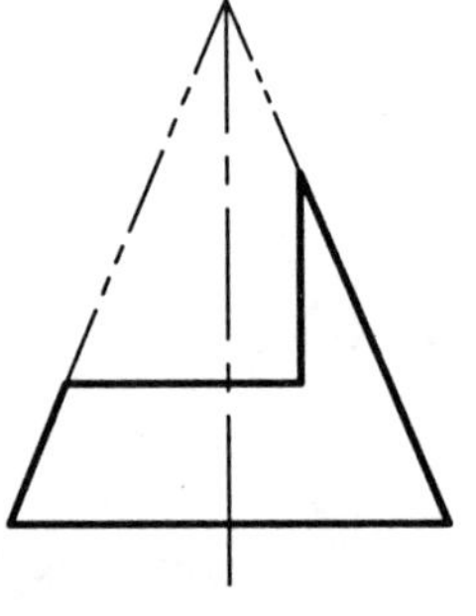

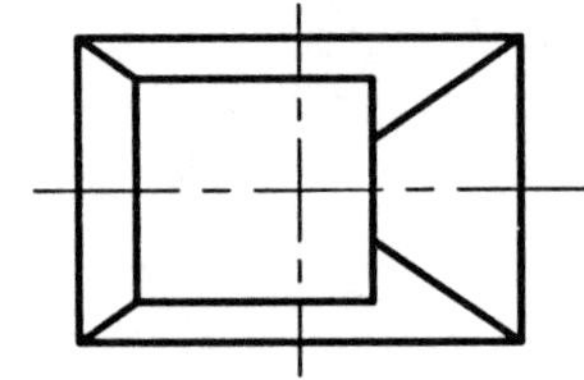

(3)

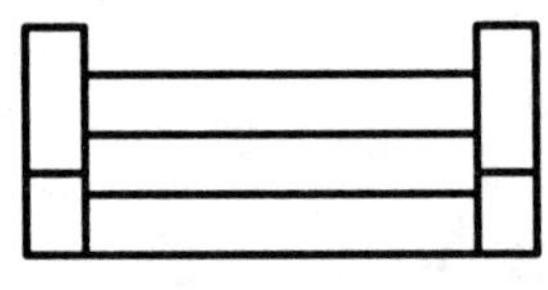

(4)

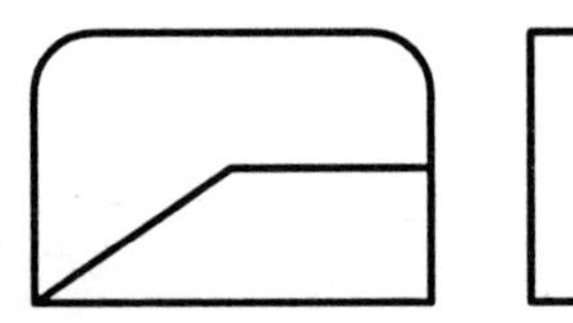

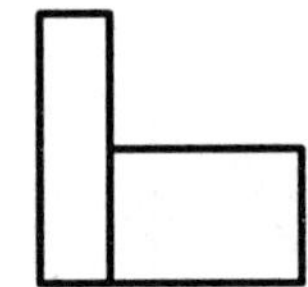

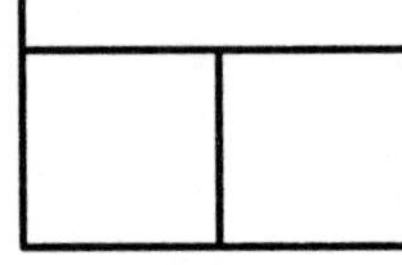

8-2 作曲面体的正等轴测图。

(1)

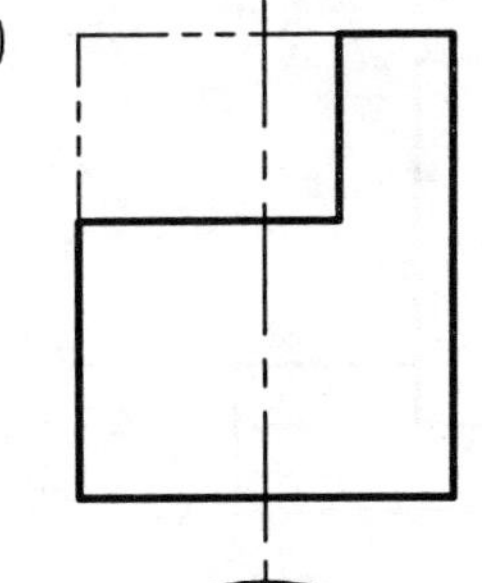

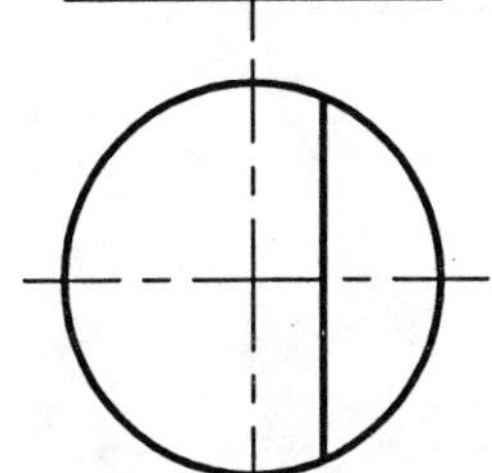

(2)

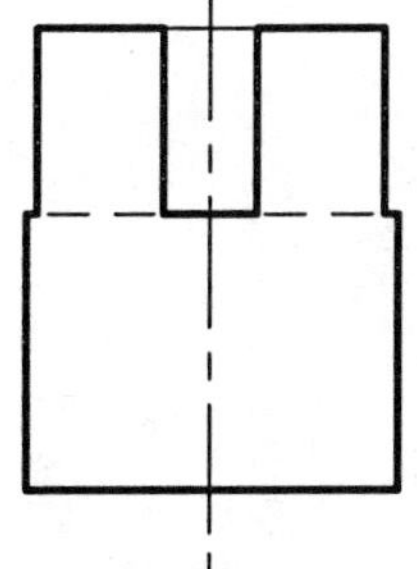

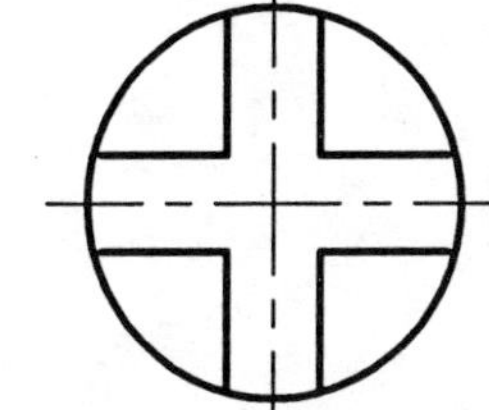

8-3 作形体的正等轴测图（仰视）。

(1)

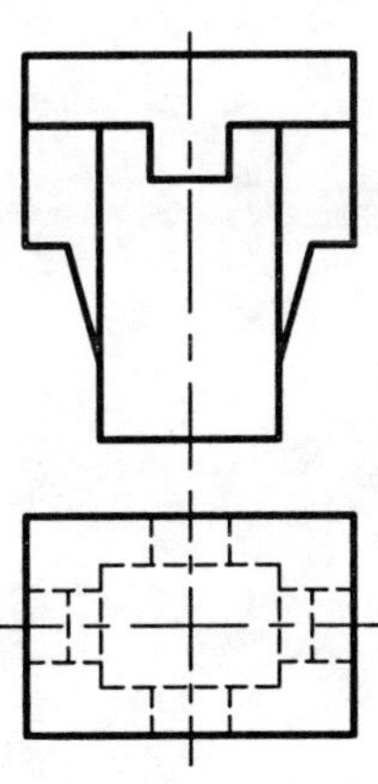

(2)

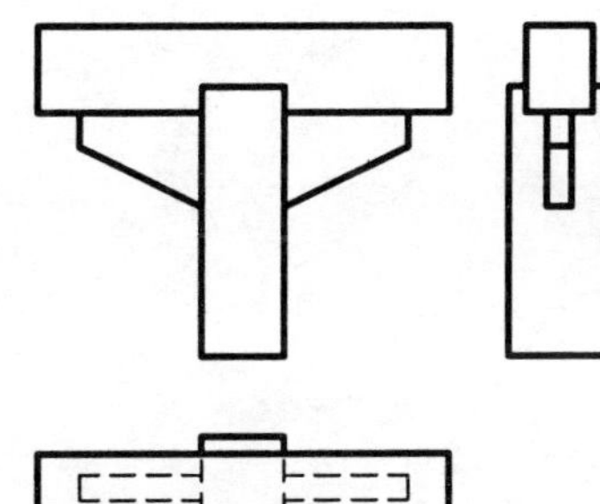

8-4 试根据正投影图作组合体正等轴测图。

(1)

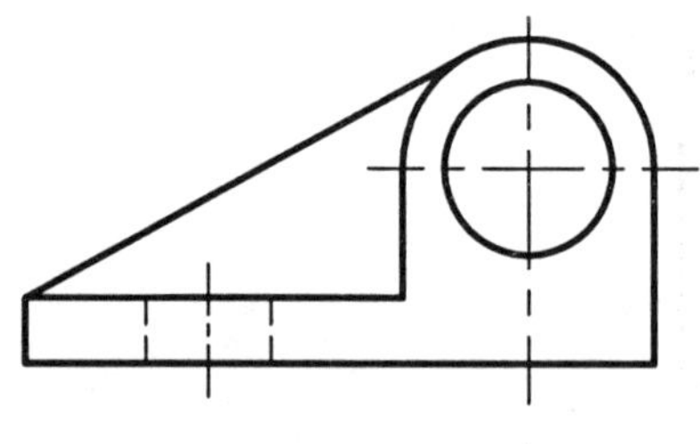

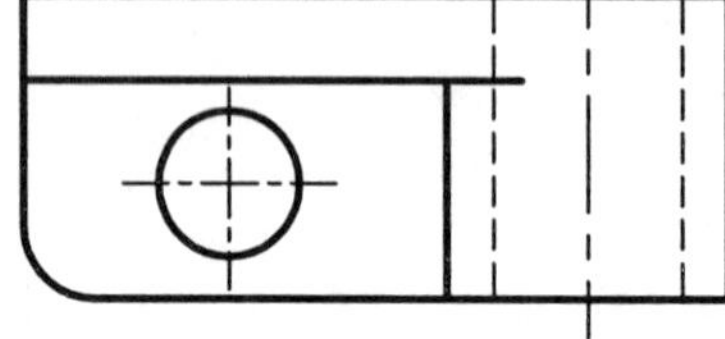

(2)

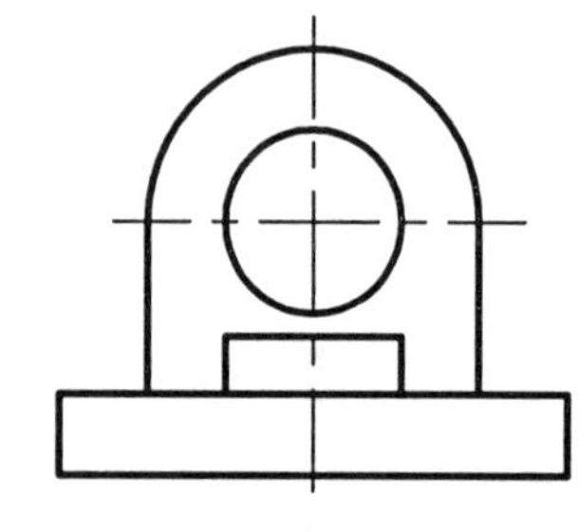

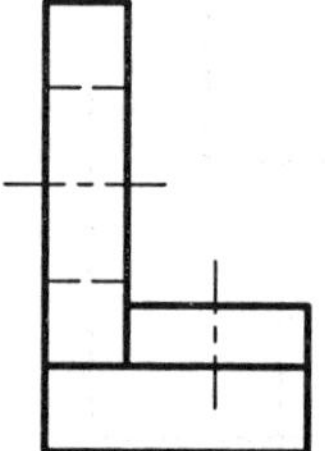

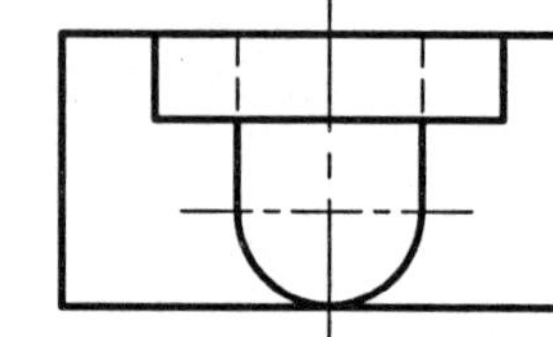

8-5 试根据正投影图作正面斜二等轴测图。

(1)

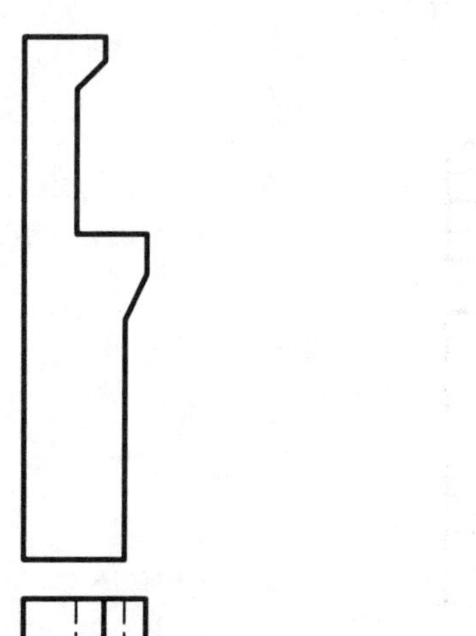

(2)

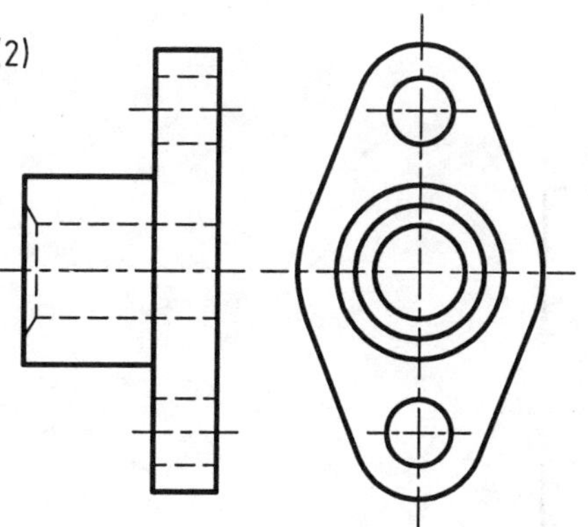

(3)

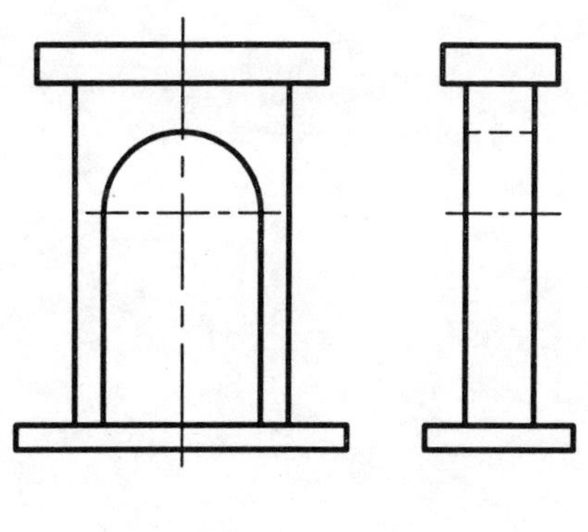

(4)

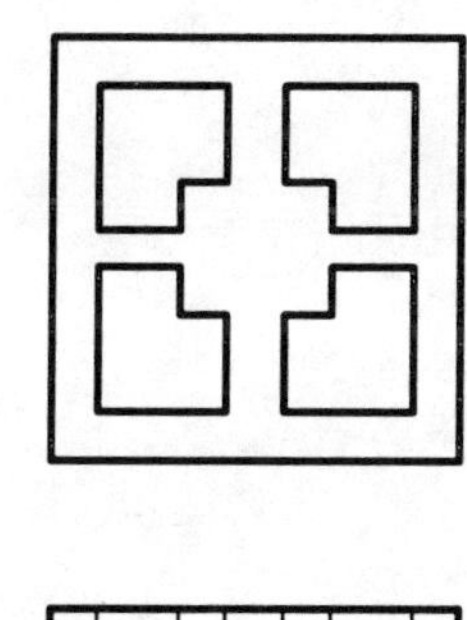

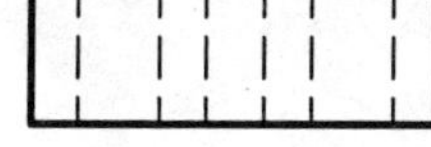

8-6 根据正投影作形体的水平面斜等轴测图。

(1)

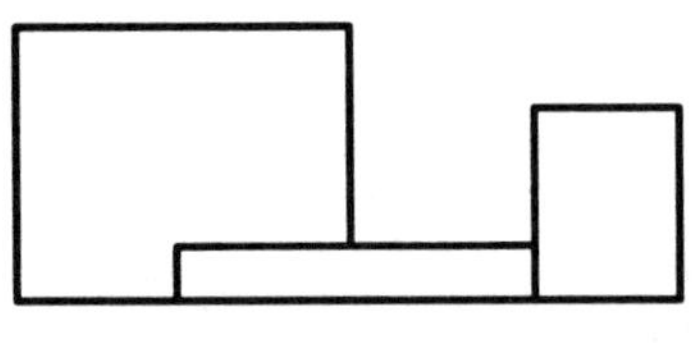

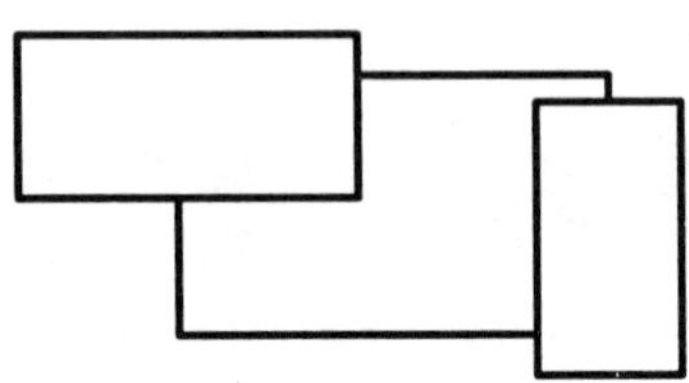

(2)

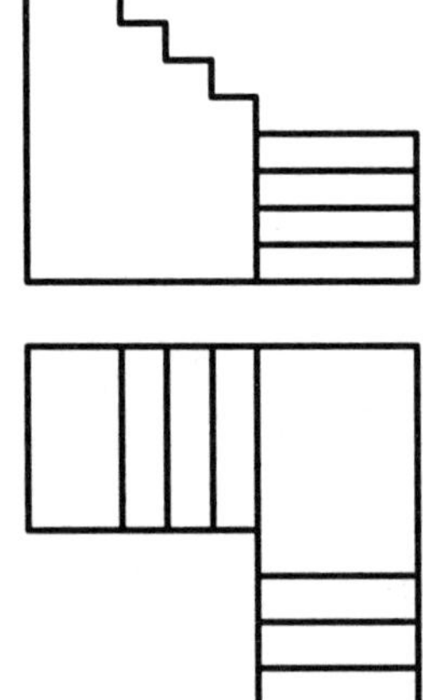

8-7 作形体剖切1/4后的正等轴测图。

(1)

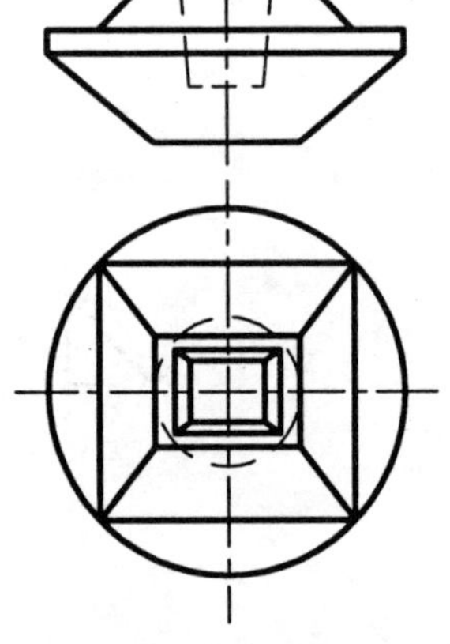

(2)

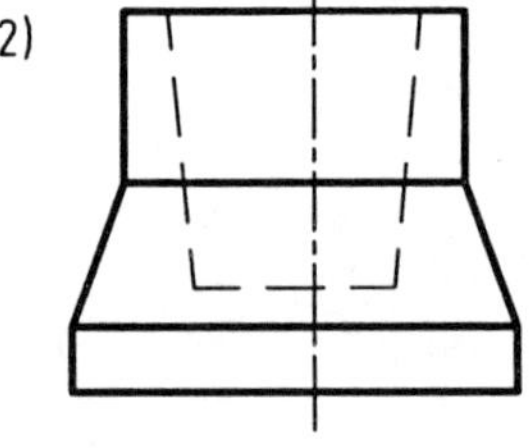

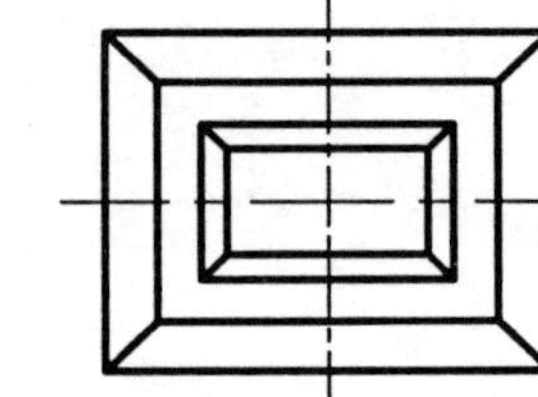

9-1 根据组合体三面图，选择正确的轴测图，并画“√”。

(1)

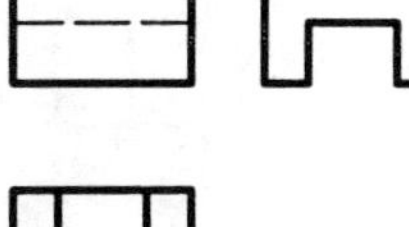
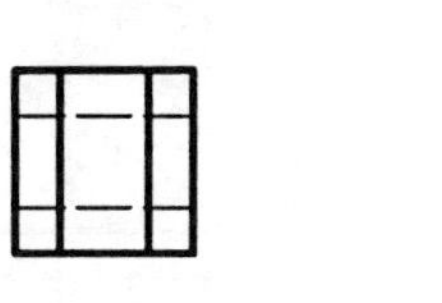
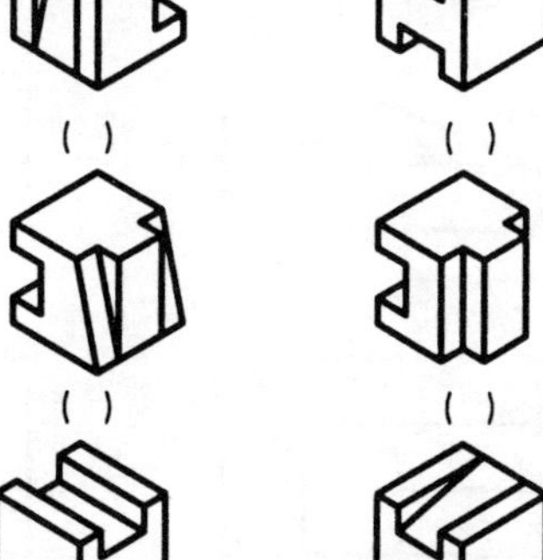

（ ）　（ ）
（ ）　（ ）
（ ）　（ ）

(2)

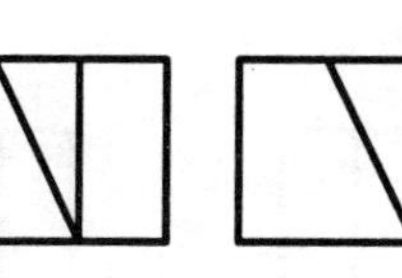

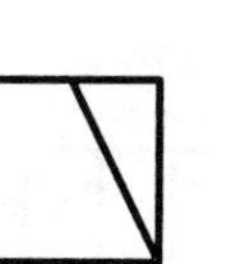
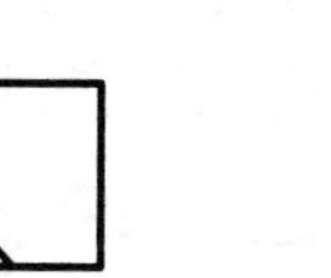
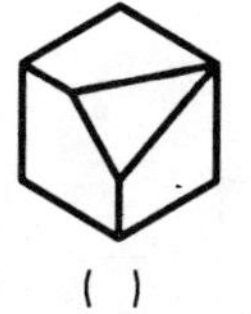

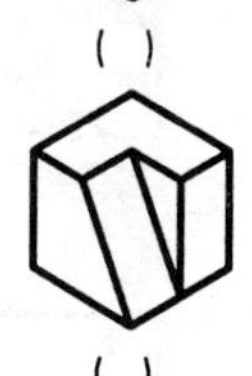

（ ）　（ ）
（ ）　（ ）
（ ）　（ ）

9-2 根据主、俯视图，选择正确的左视图，并画“√”。

(1)

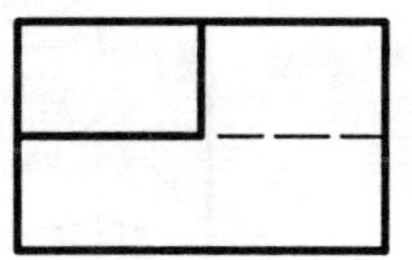
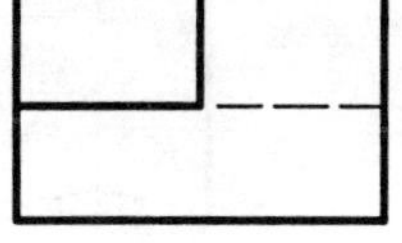
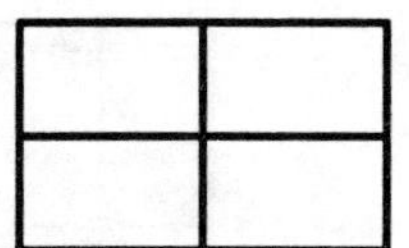
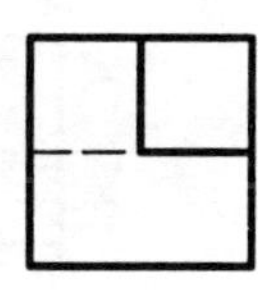

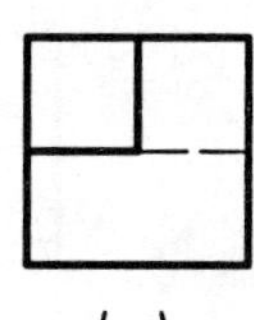

（ ）　（ ）
（ ）　（ ）

(2)

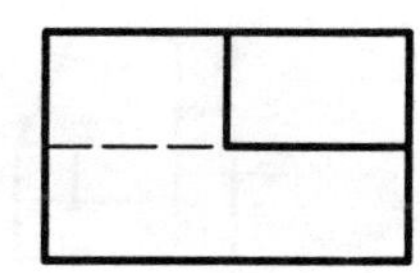
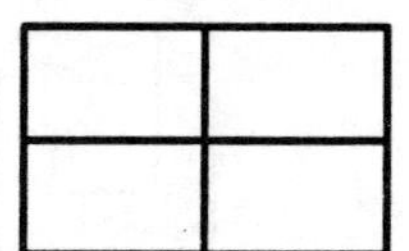

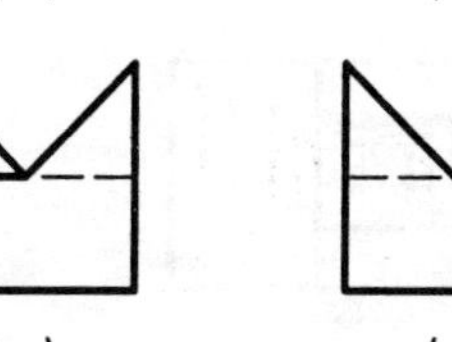

（ ）　（ ）
（ ）　（ ）

九、组合体

班级＿＿＿＿＿＿姓名＿＿＿＿＿＿学号＿＿＿＿＿＿评阅

(3)

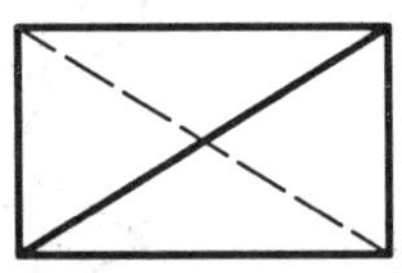

( )

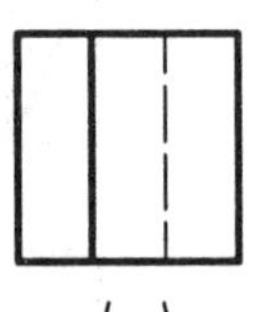

( )

( )

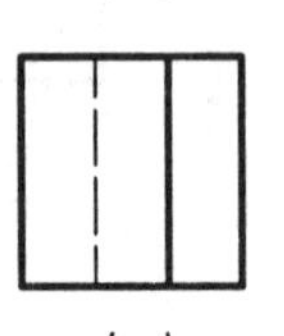

( )

(4)

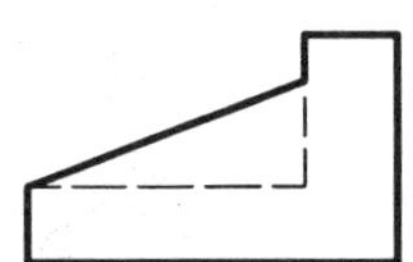

( )

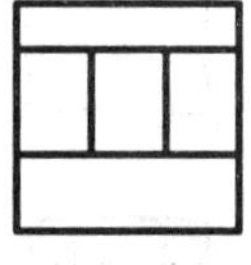

( )

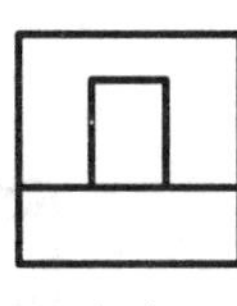

( )

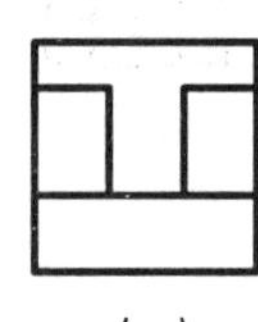

( )

(5)

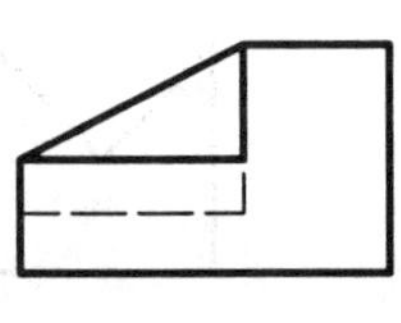

( )

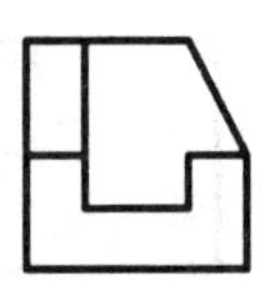

( )

( )

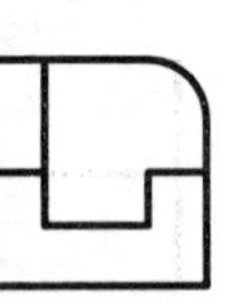

( )

(6)

( )

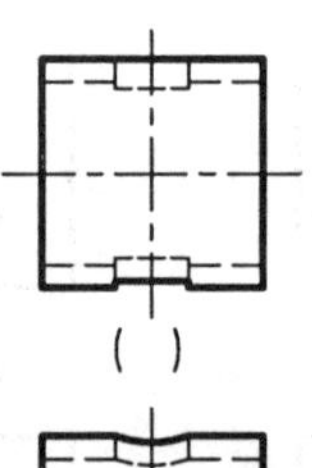

( )

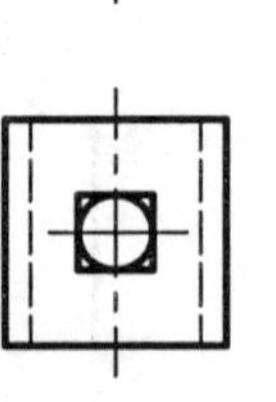

( )

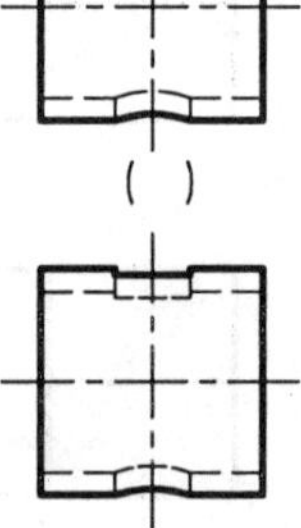

( )

班级＿＿＿＿＿姓名＿＿＿＿＿学号＿＿＿＿＿评阅

9-3 根据立体图画出组合体三面图。（尺寸按1:1从图上量取）

(1)

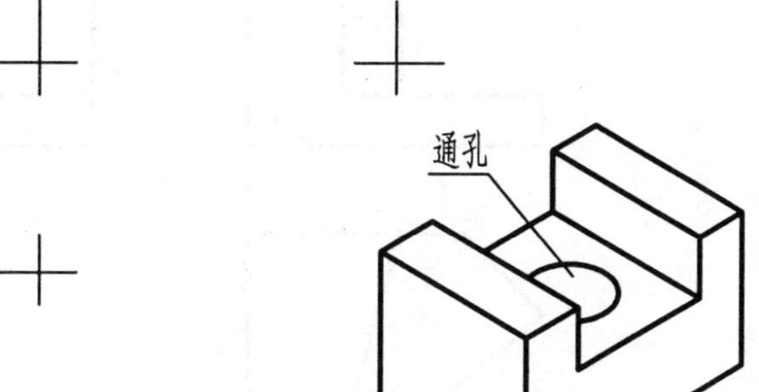

(2)

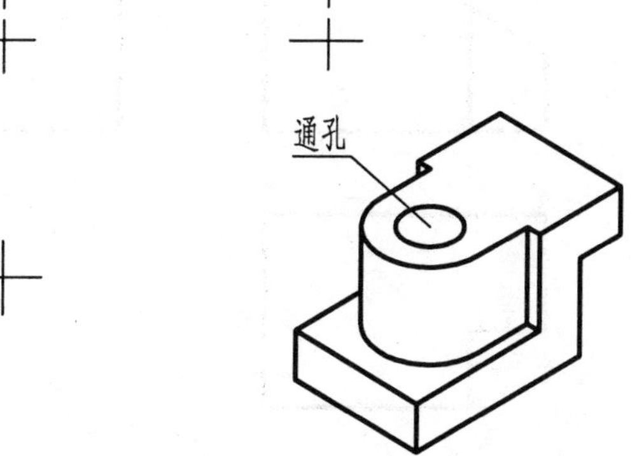

(3)

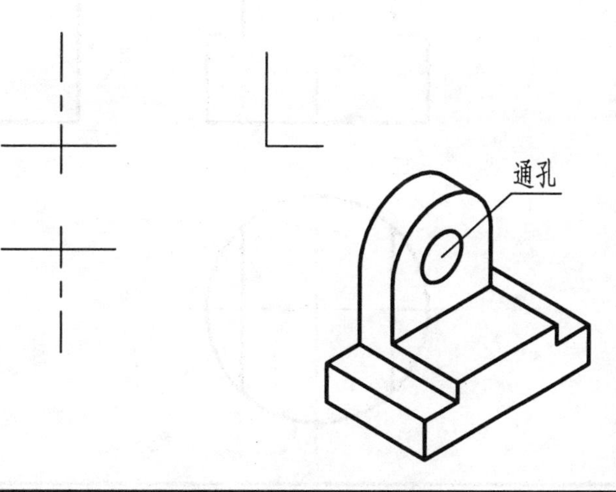

(4)

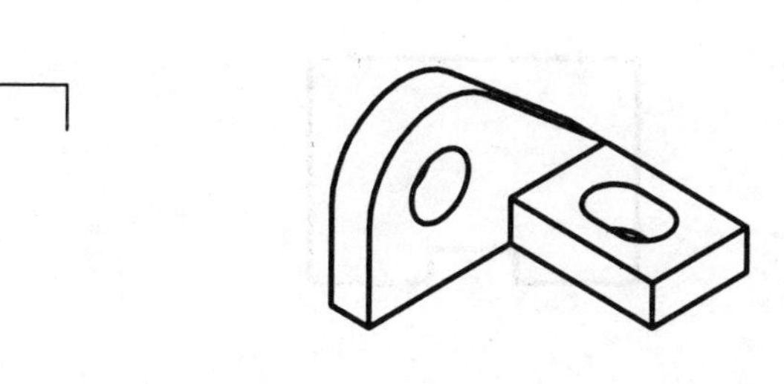

班级________姓名________学号________评阅

9-4 补画投影图中所缺图线。

(1)

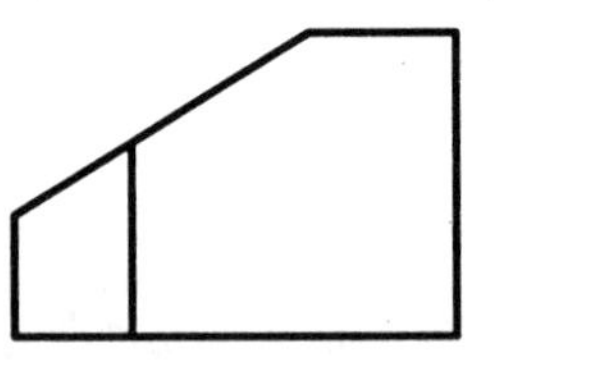

(2)

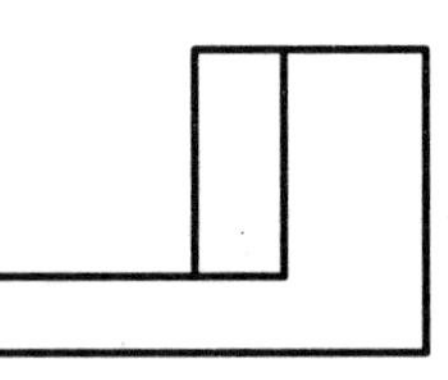

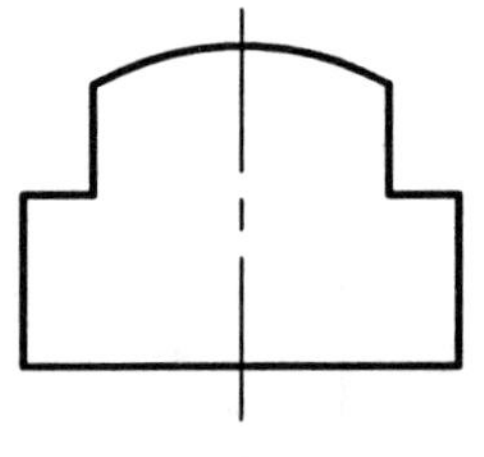

(3)

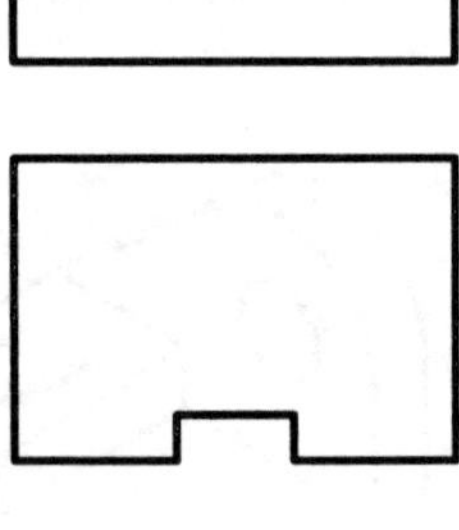

(4)

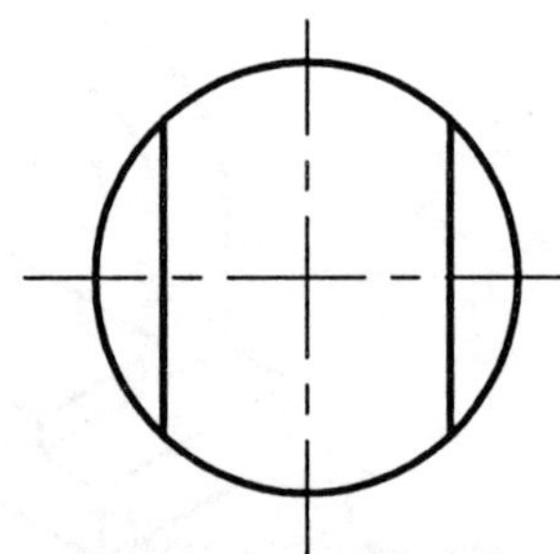

(5)

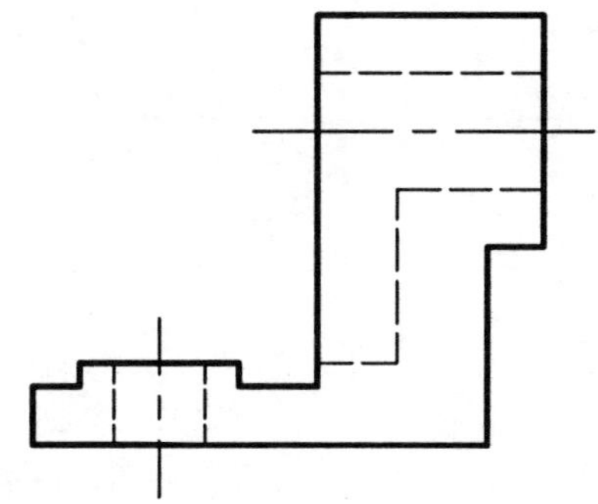

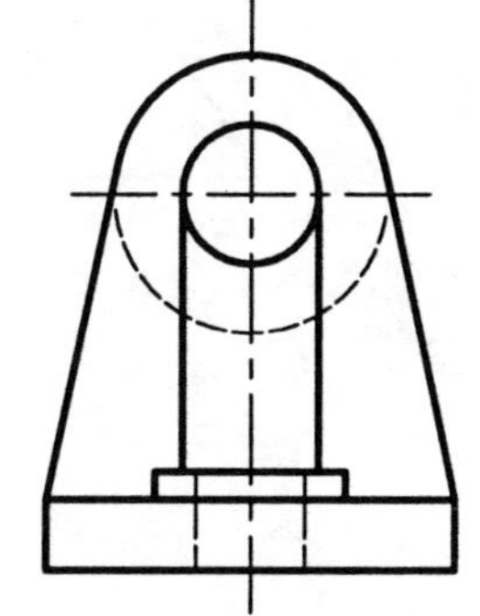

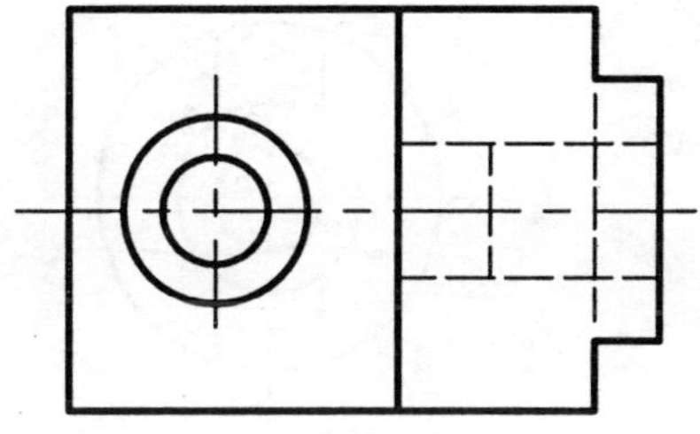

(6)

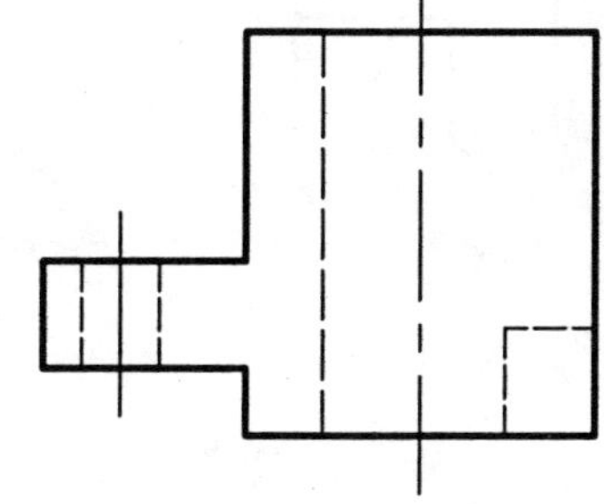

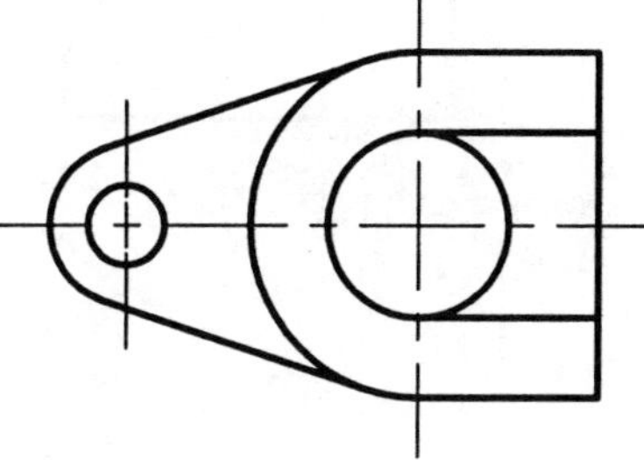

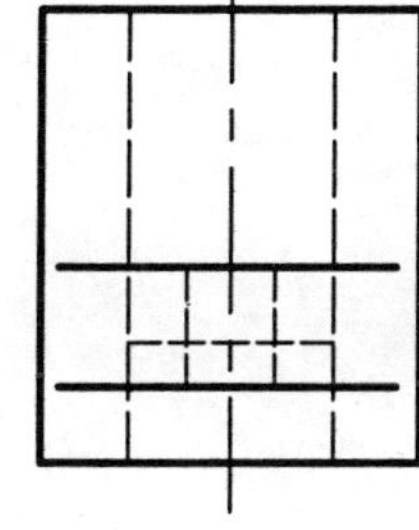

9-5 根据组合体的两面图，补画第三面投影图。

(1)

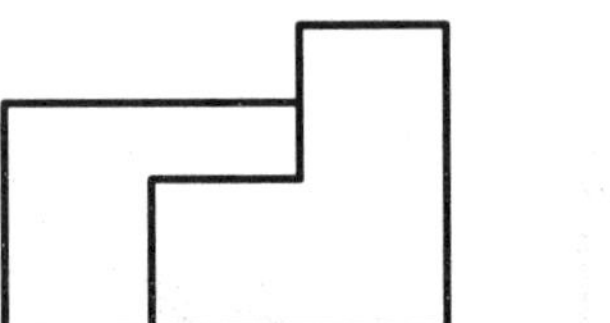

(2)

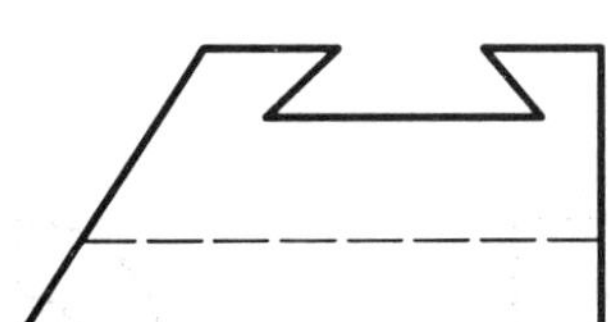

(3)

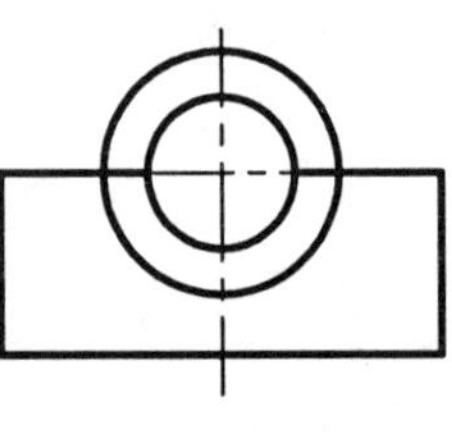

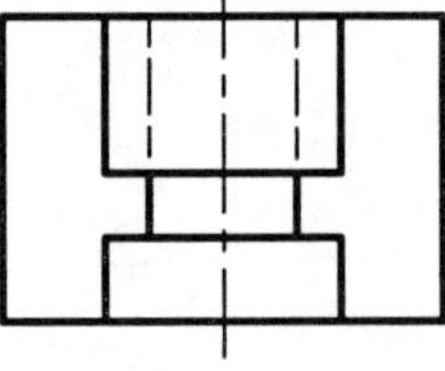

(4)

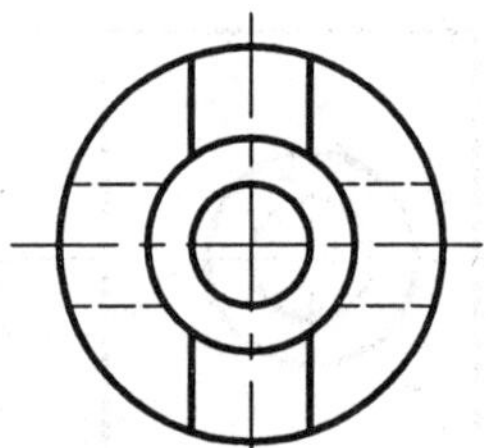

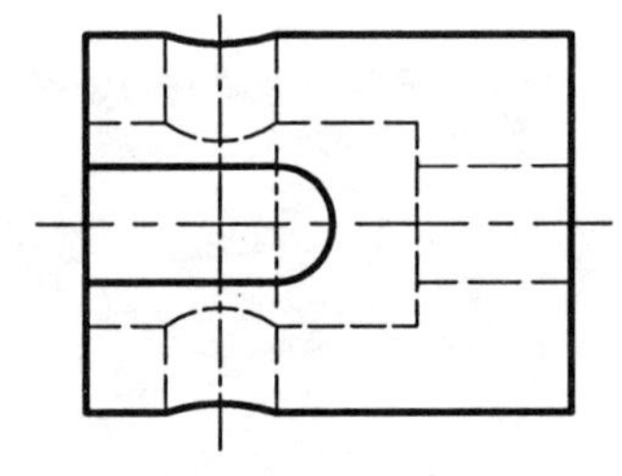

班级__________姓名__________学号__________评阅

(5)

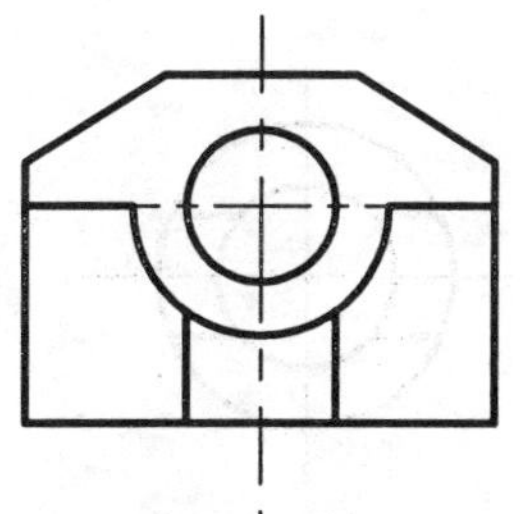

(6)

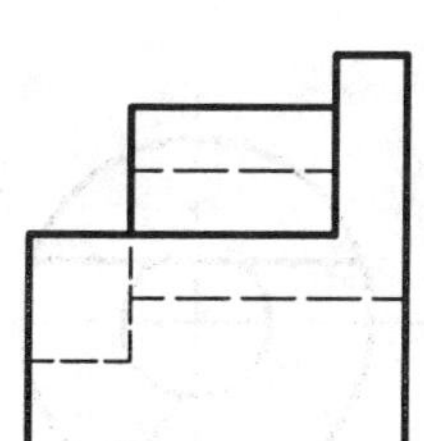

(7)

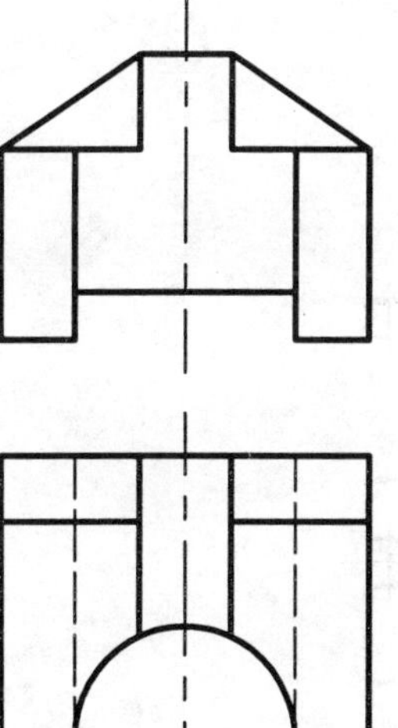

(8)

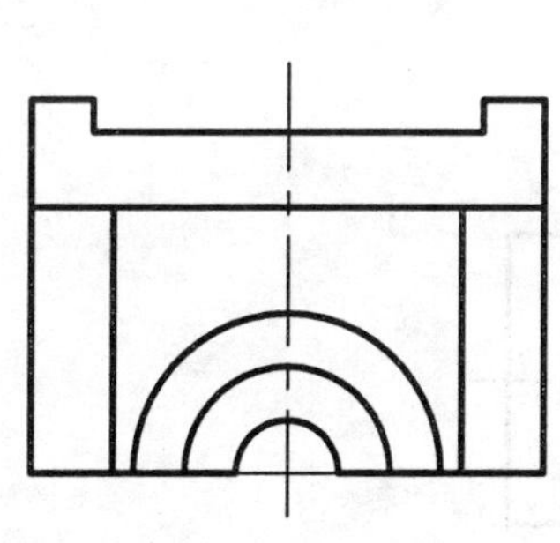

班级______ 姓名______ 学号______ 评阅

(9)

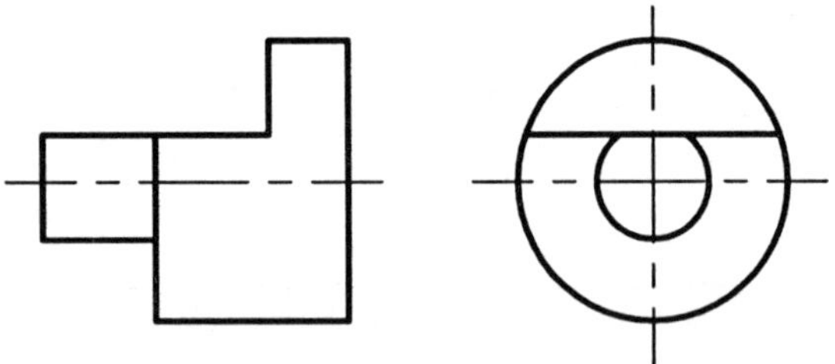

(10)

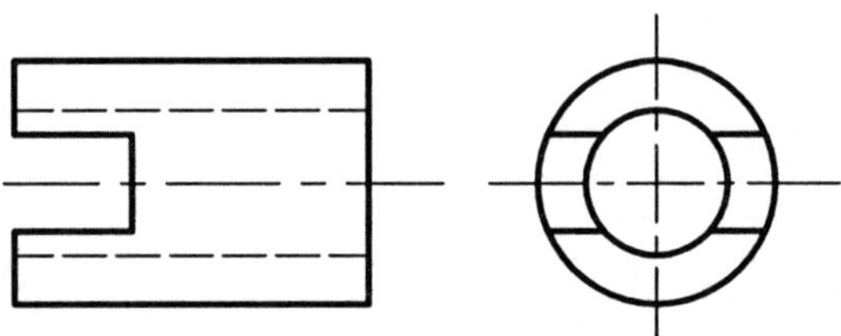

(11)

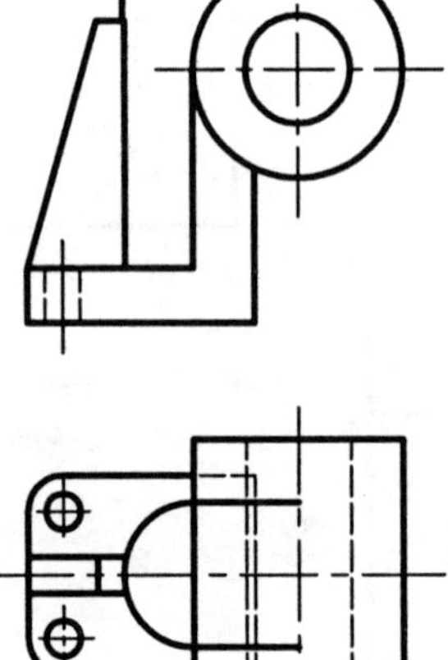

(12)

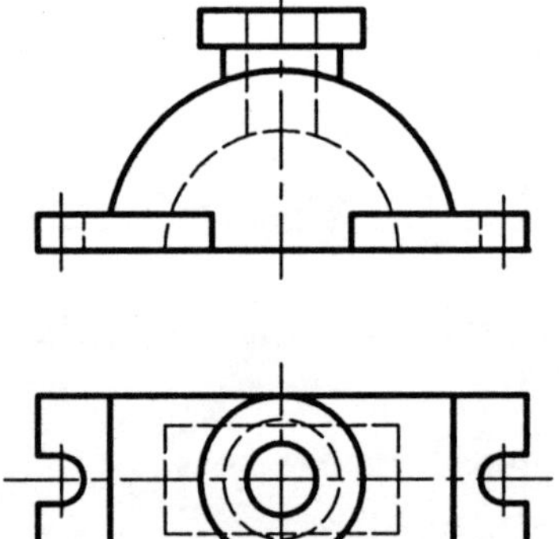

班级__________姓名__________学号__________评阅

9-6 补画第三投影，并标注尺寸。(尺寸按1:1从图上量取，取整数)

(1)

(2)

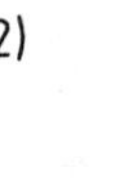

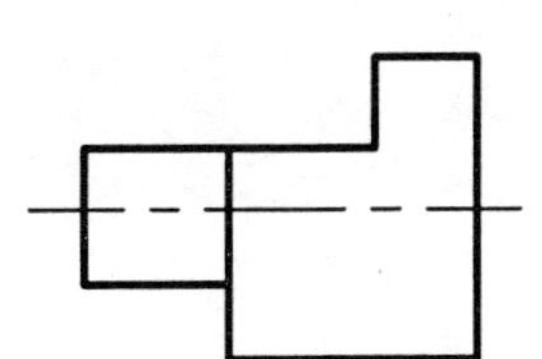

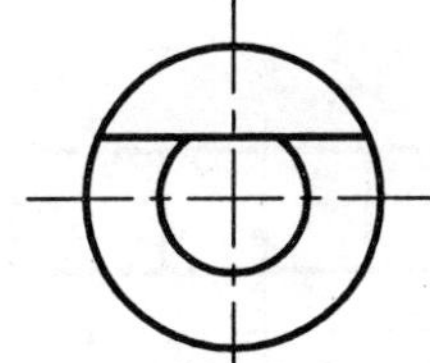

(3)

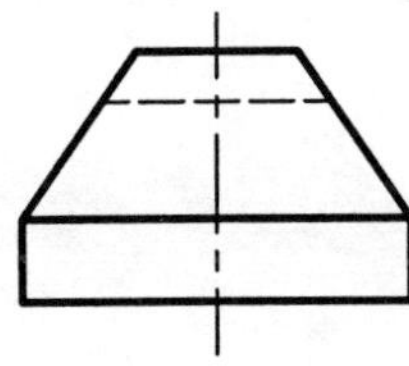

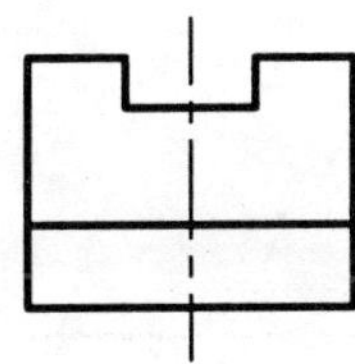

(4)

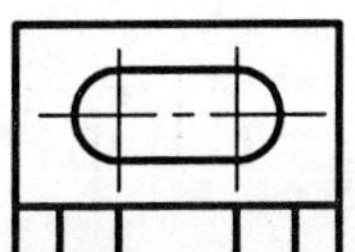

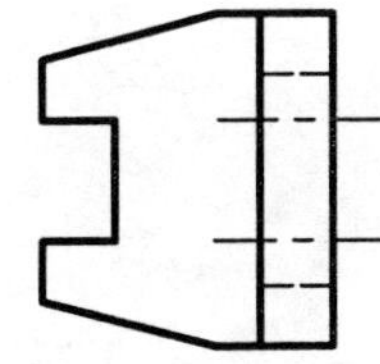

9-7 根据正立面图，构想组合体，并画出它们的平面图和左侧立面图。

(1)

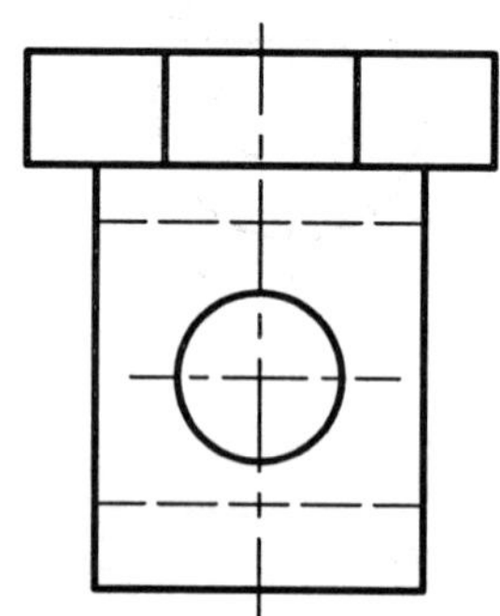

(2)

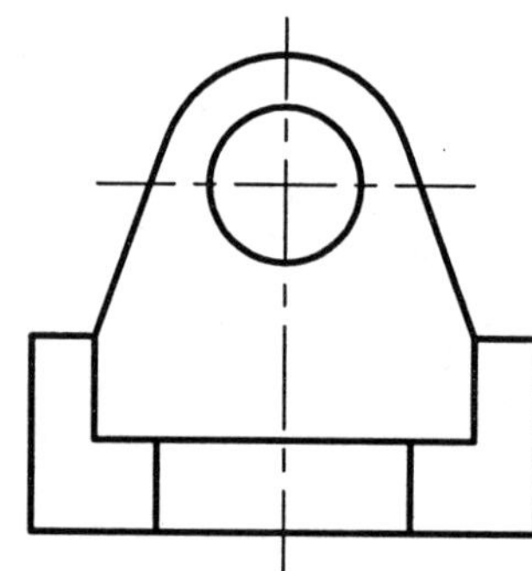

9-8 根据立体图画出其三面投影图并标注尺寸。

要求：A3幅面图纸；

比例选择要适当，图面布置要匀称；

尺寸标注要齐全、清晰、合理；

图线、字体要符合标准。

图名：组合体三面图

(1)

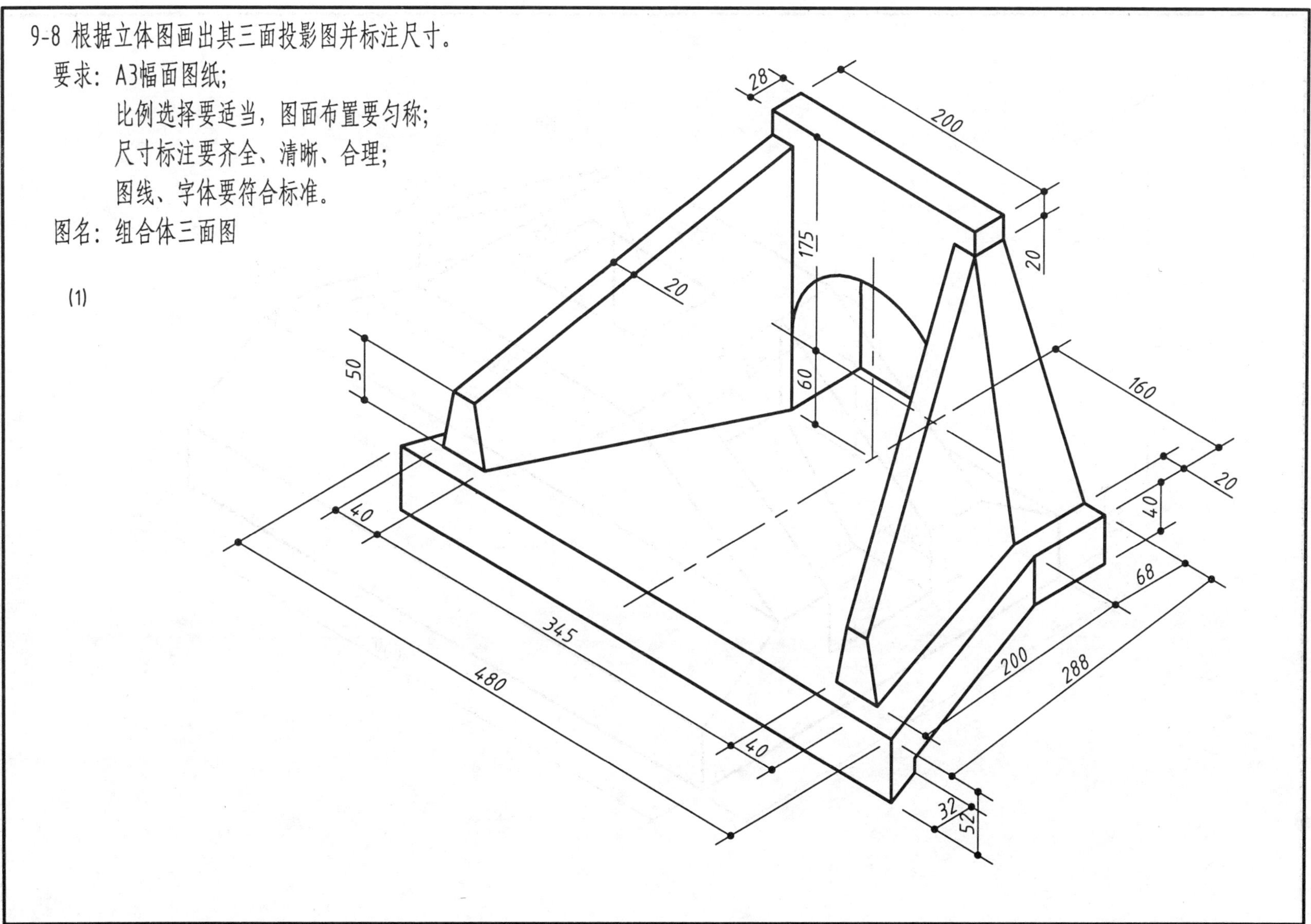

班级＿＿＿＿＿姓名＿＿＿＿＿学号＿＿＿＿＿评阅

(2)

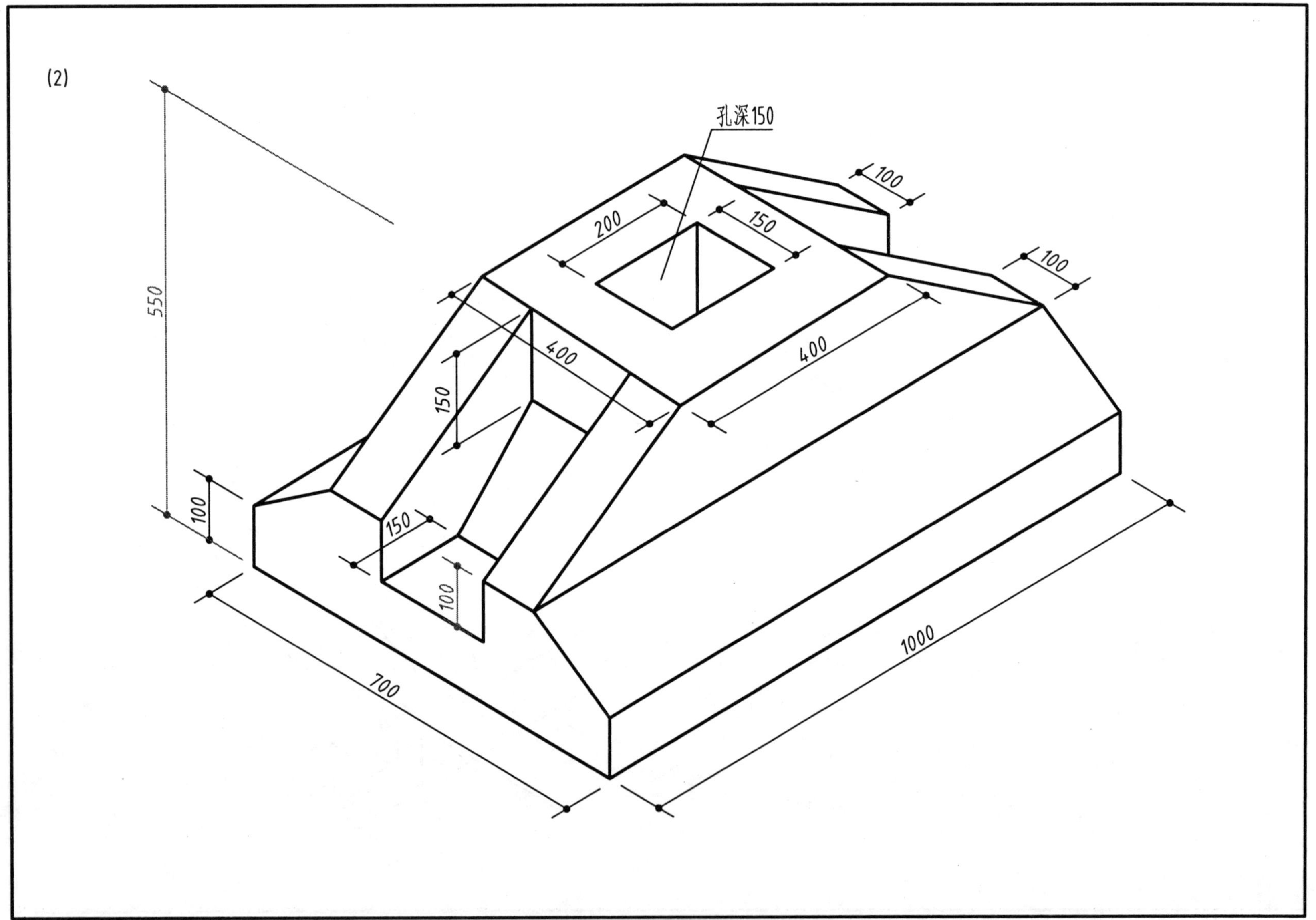

10-1 已知线段AB的投影，及直线上一点C的投影，求C点的标高。

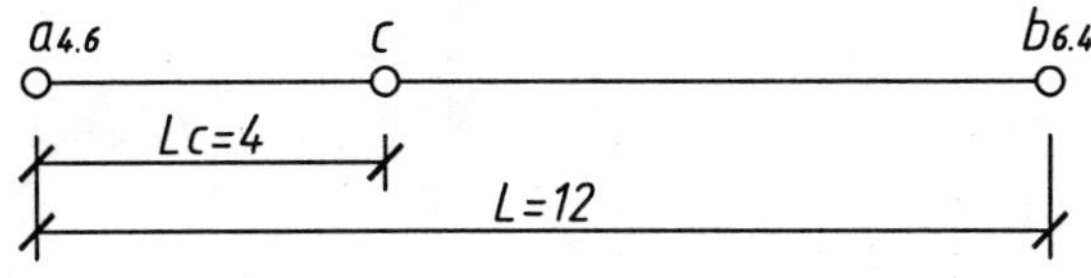

10-2 在下图中给出两直线$a_2b_{0.5}$及$c_{2.5}d_0$，试判断此两直线是否相交。

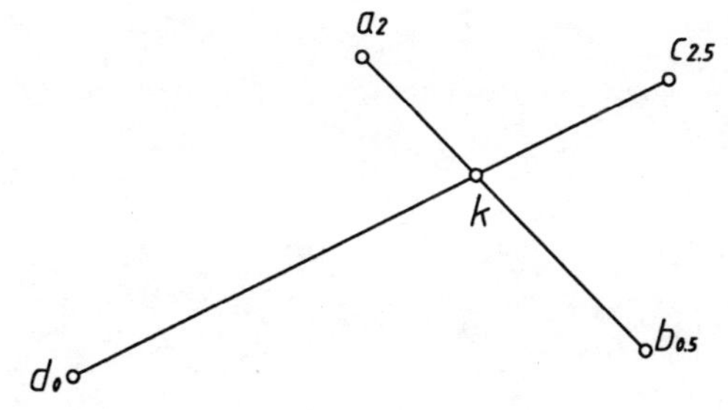

10-3 求两平面的交线。

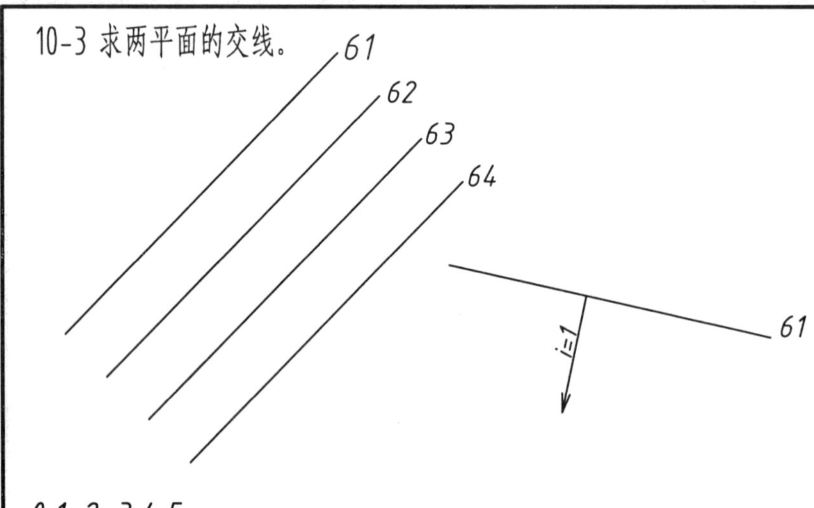

10-4 求作凹坑的各坡面与标高为零的坡面的交线及各坡面间的交线。

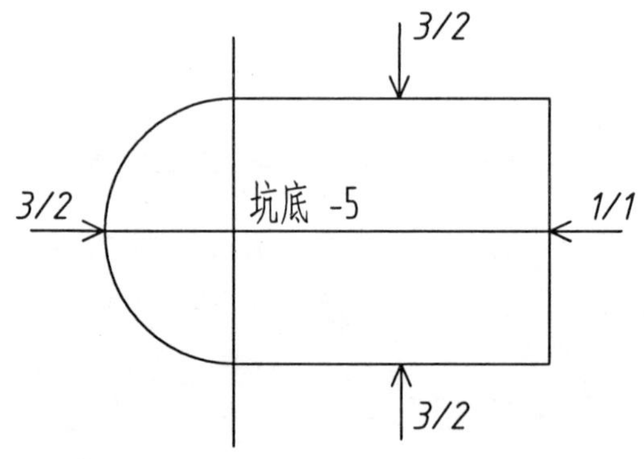

10-5 在地面上筑一标高为+35的圆形场地，填方坡度为2/3，挖方坡度为32/14，求作填挖分界线。

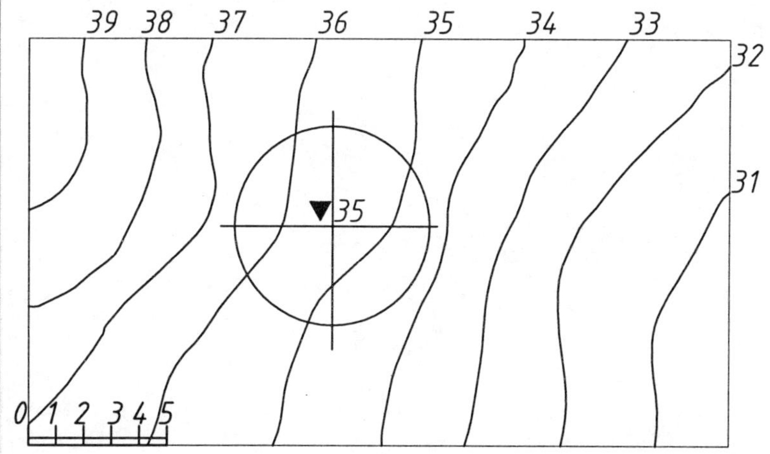

10-6 求AB直线的坡度i，平距l，实长L，与H面的倾角α及线段上标高为整数的各点。

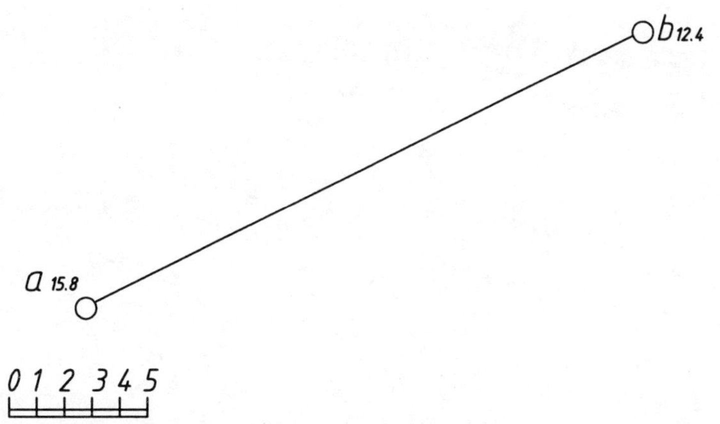

10-7 用实线和虚线分别标明管道AB露出地面外及埋入地面下的各段。

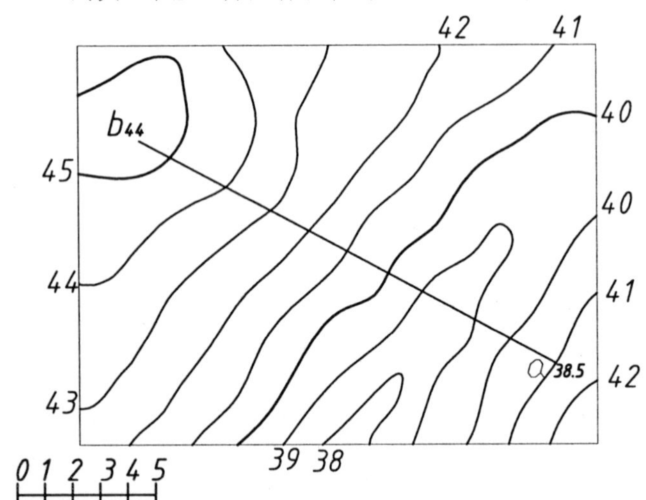

10-8 圆形广场边坡的坡度为2/3，斜引道的边坡坡度为1，求作引道边坡与广场边坡的交线，以及它们与标高为±0的地面的交线。

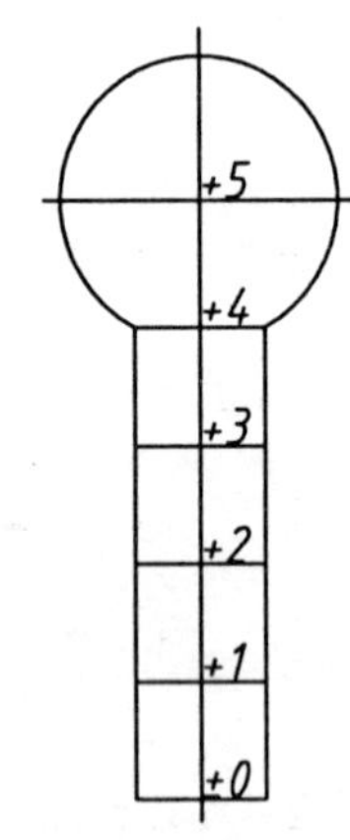

11-1 作台阶的右侧立面图。

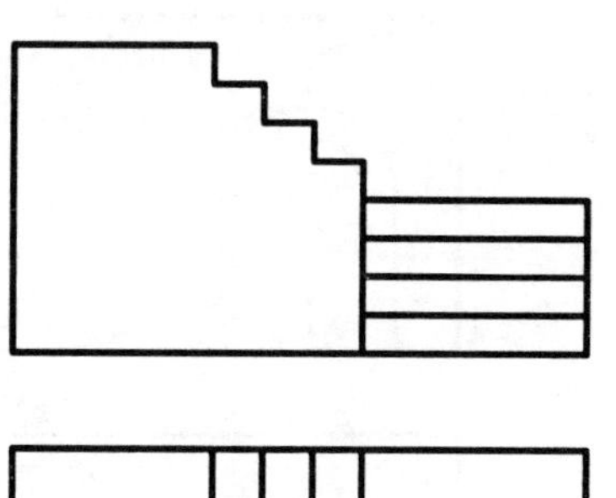

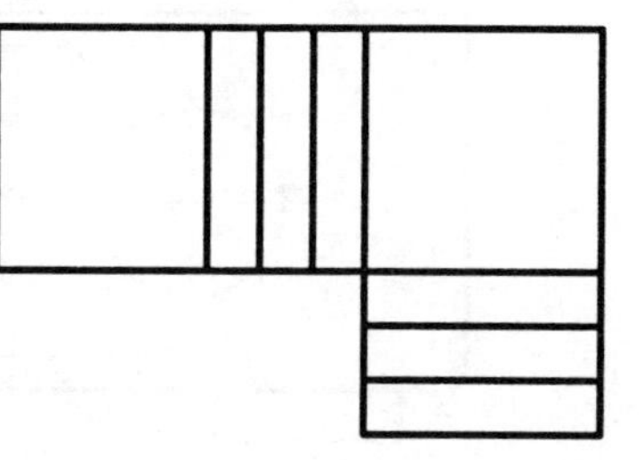

11-2 根据所给视图，补画1-1剖面图。

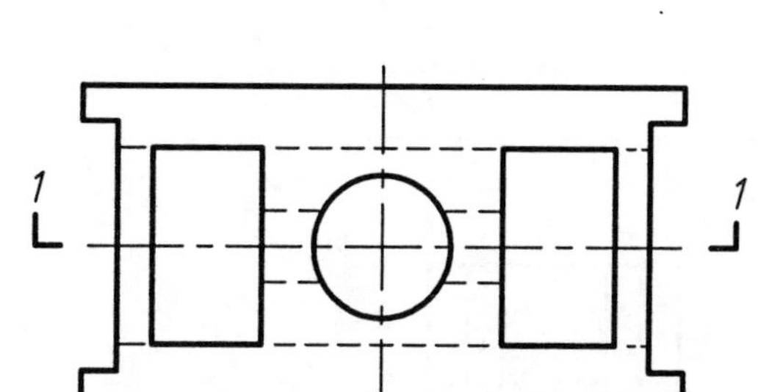

11-3 补全图中应画的图线。

(1)

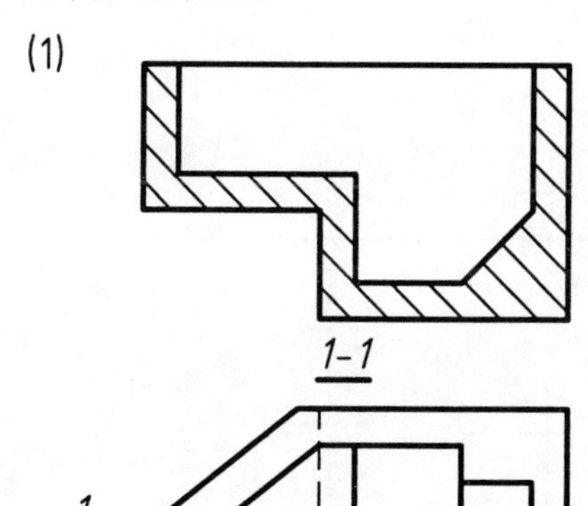

(2)

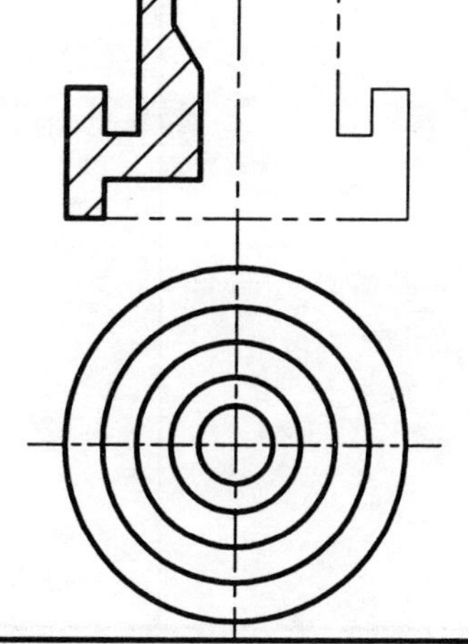

(3)

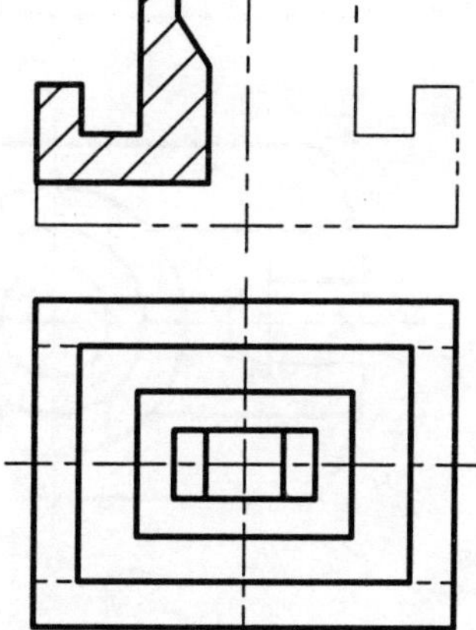

11-4 根据所给两视图，在指定位置将形体的正立面图画出半剖面图。

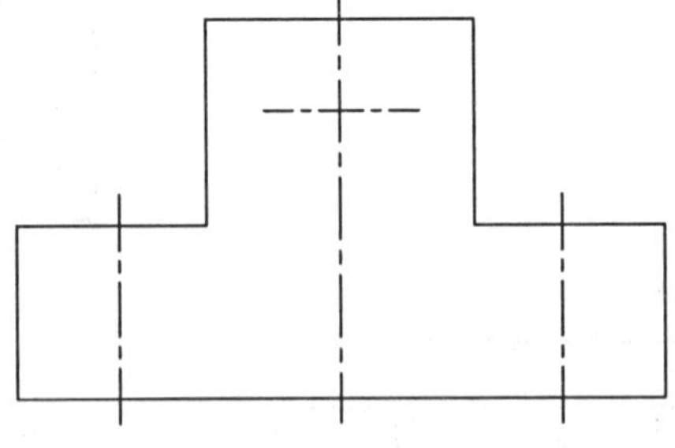

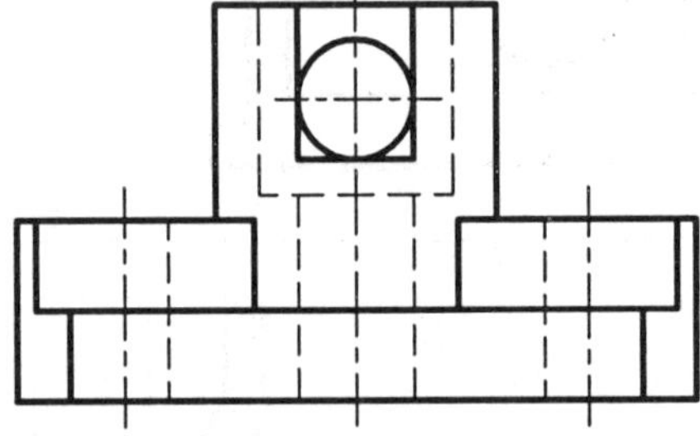

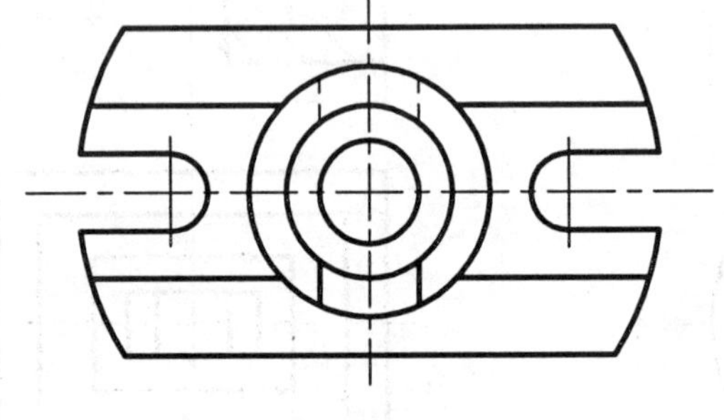

11-5 根据所给两视图，在指定位置上作建筑形体的局部剖面图。

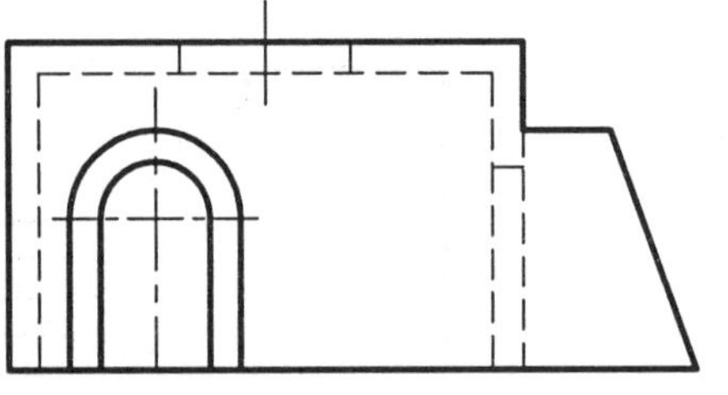

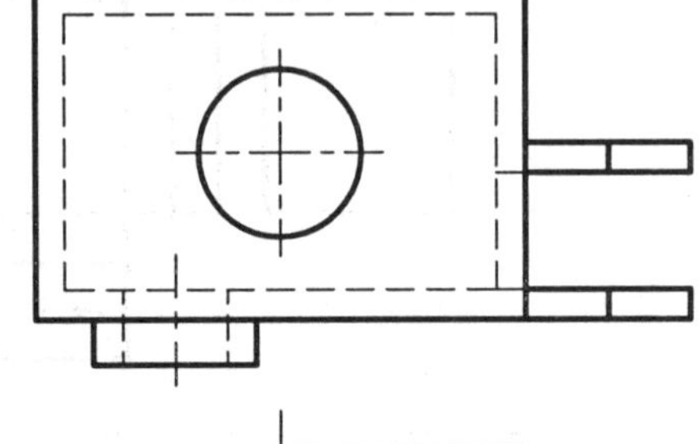

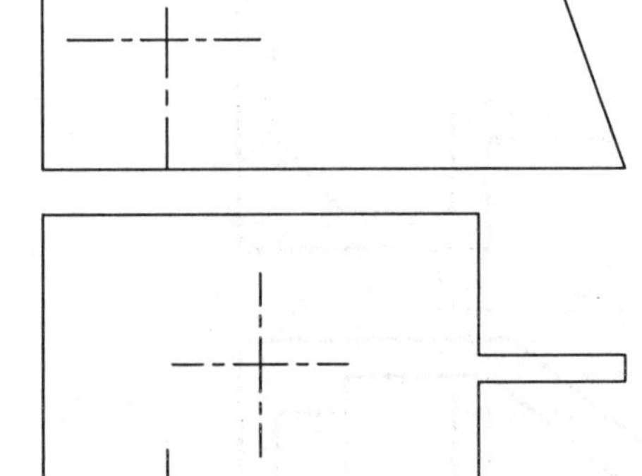

11-6 根据所给视图，补画正立面图（采用全剖面图）。

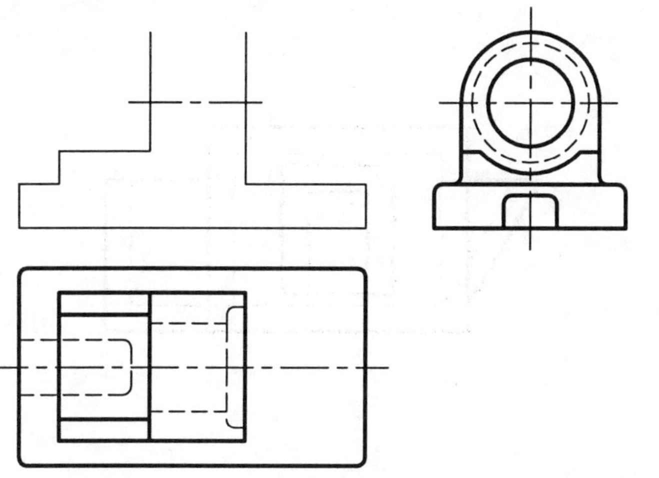

11-7 根据所给的三视图，作出*1-1*、*2-2*剖面图。

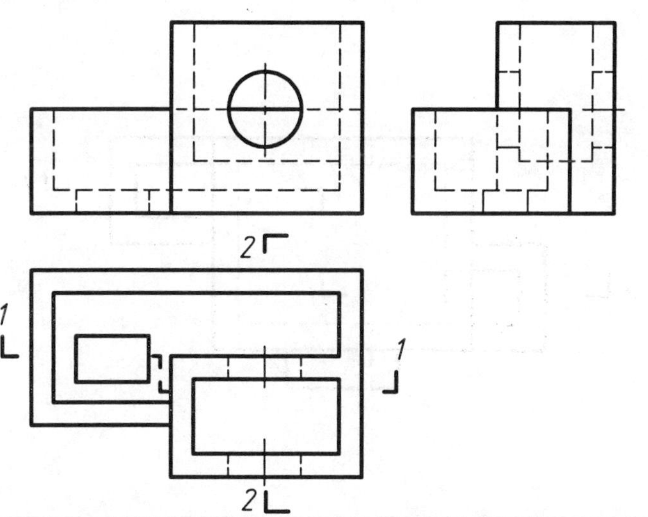

11-8 根据所给两视图，补画左侧立面图，并将正立面图用半剖面图表示，左侧立面图用全剖面图表示。

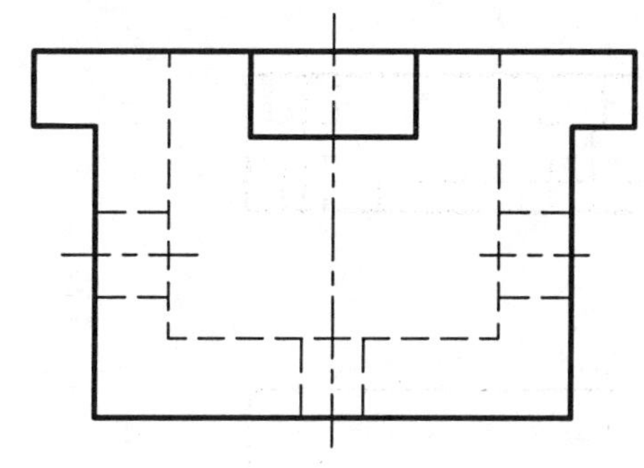

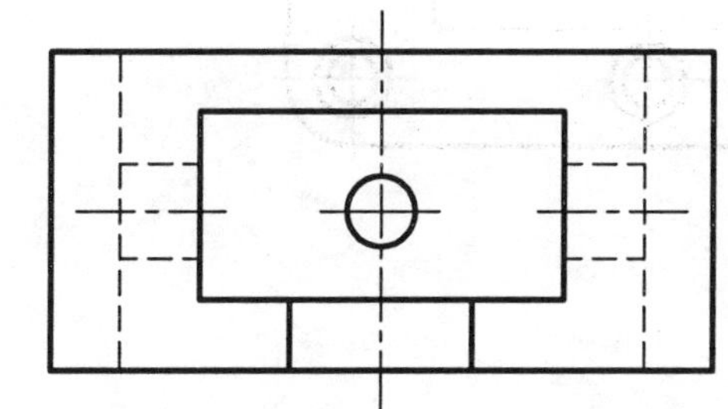

11-9 参照未剖的正立面图，将正立面图画成全剖面图。
（以一组平行的正平面来剖切，重复的要素只剖切一次）

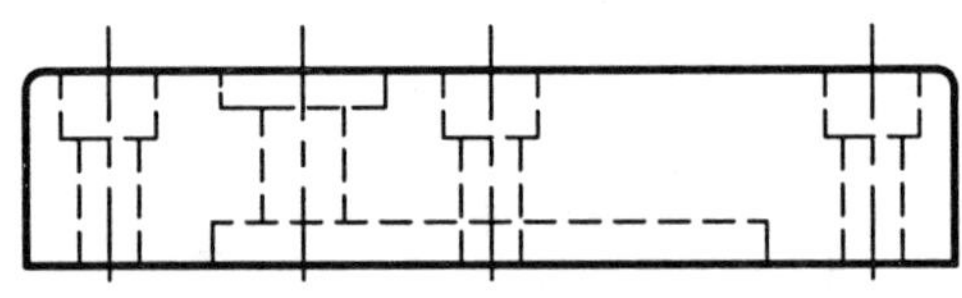

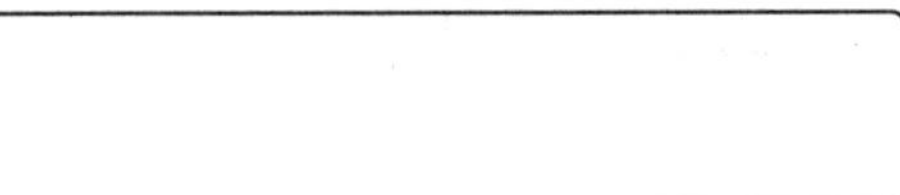

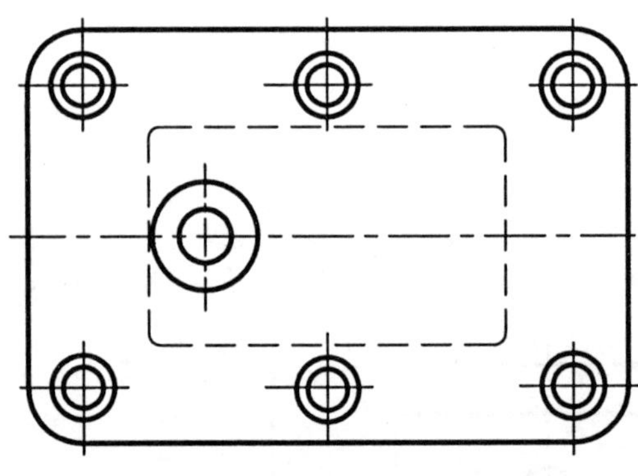

11-10 作建筑形体*1-1*全剖面图。

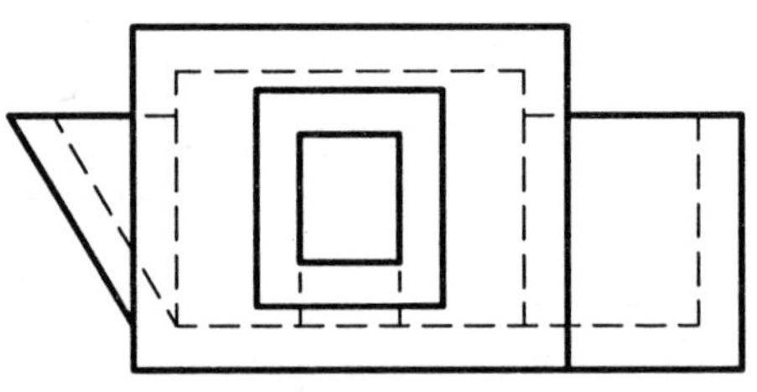

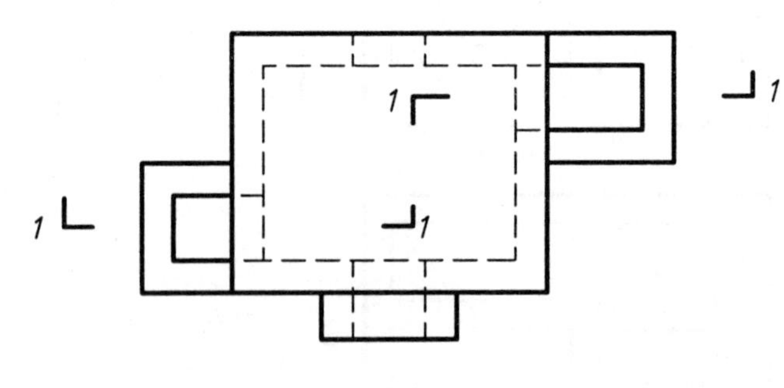

11-11 在指定位置将物体的正面投影画成1-1全剖面图。

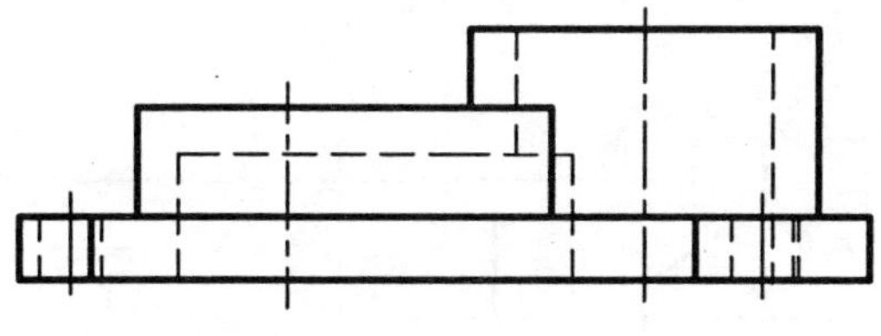

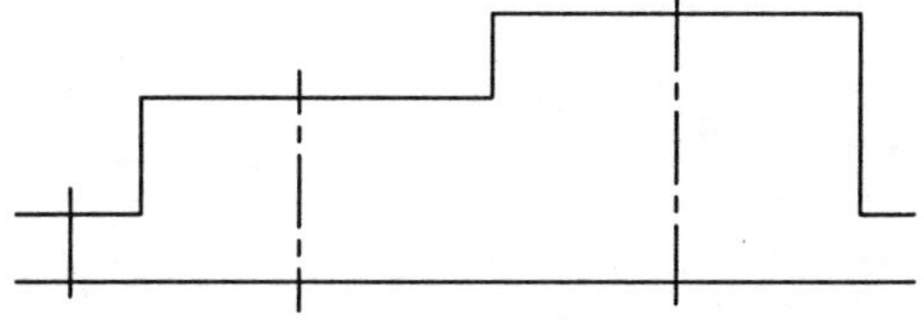

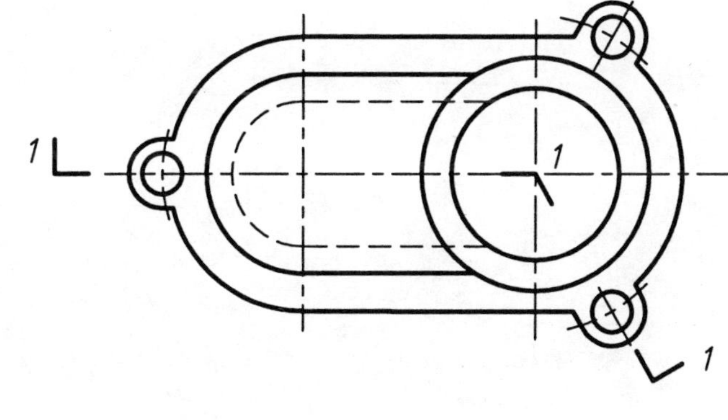

11-12 画出壁橱的1-1剖面图。

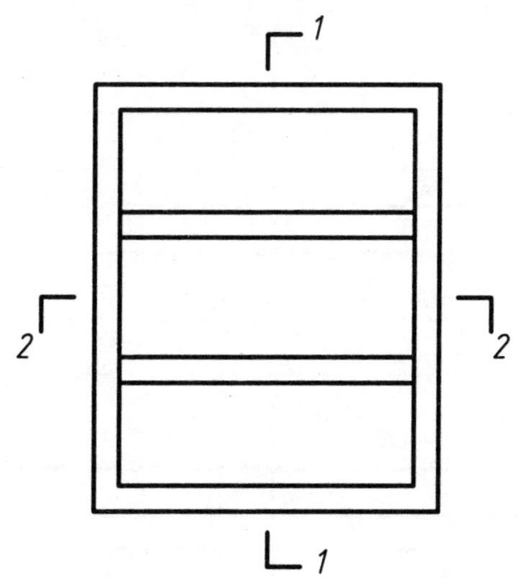

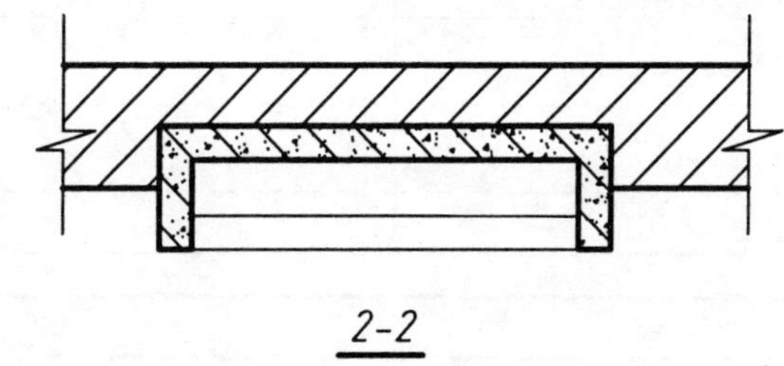

2-2

11-13 在A3幅面的图纸上绘制下面的三面投影图，并将正立面图改画成1-1半剖面图，侧立面图改画成2-2半剖面图。

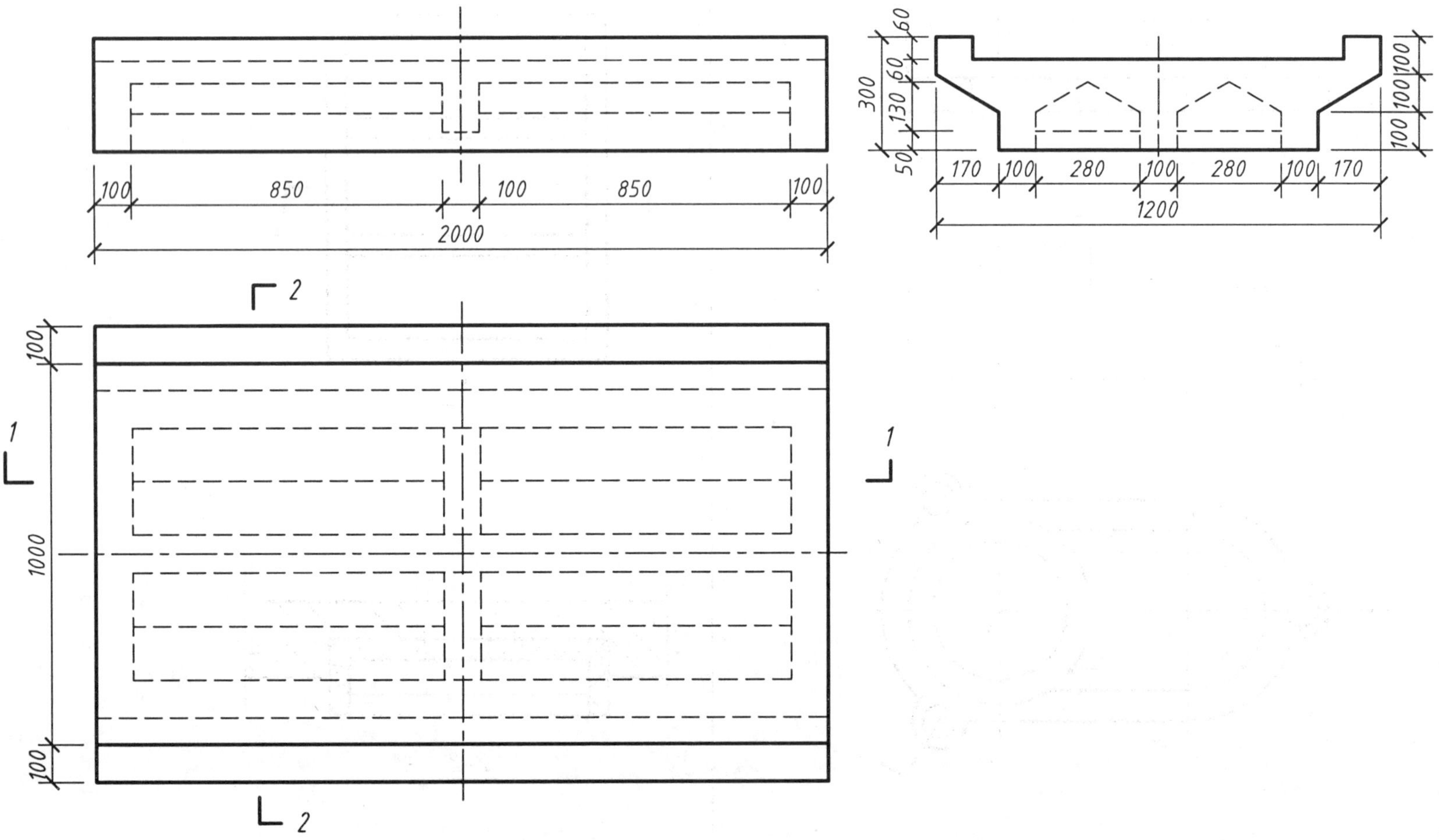

11-14 在A3幅面的图纸上抄绘下面的两面投影，补画第三面投影，并将三面投影画成适当的剖面图。

(1)

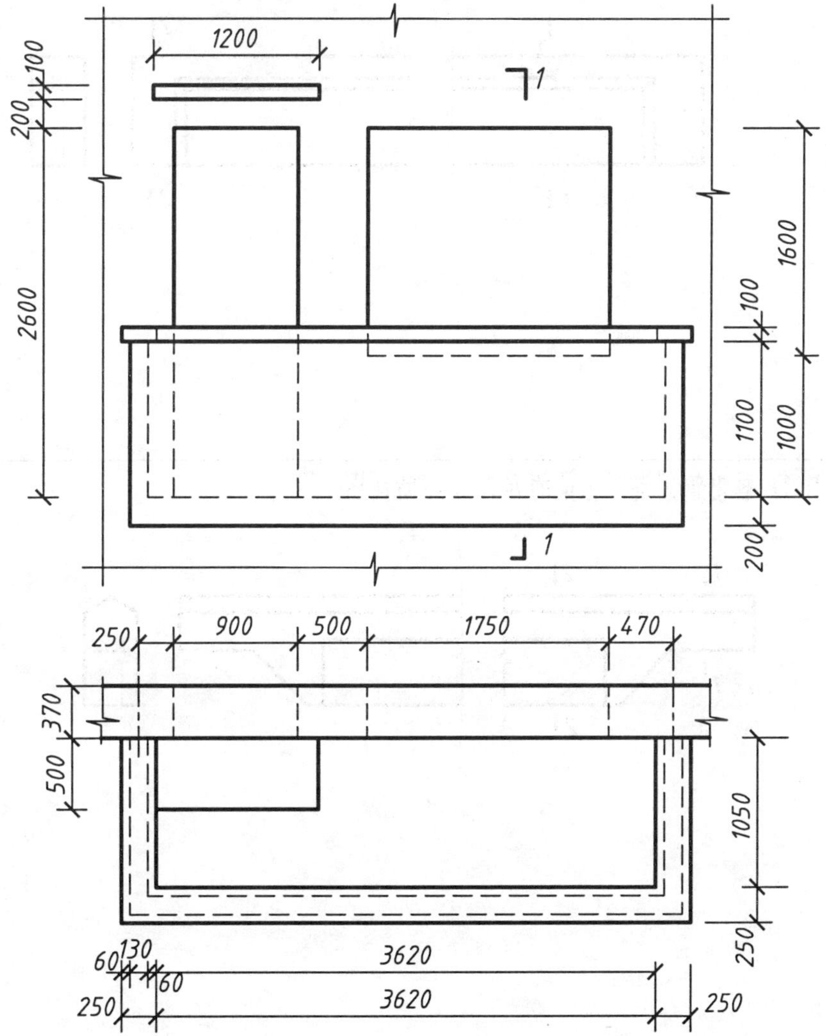

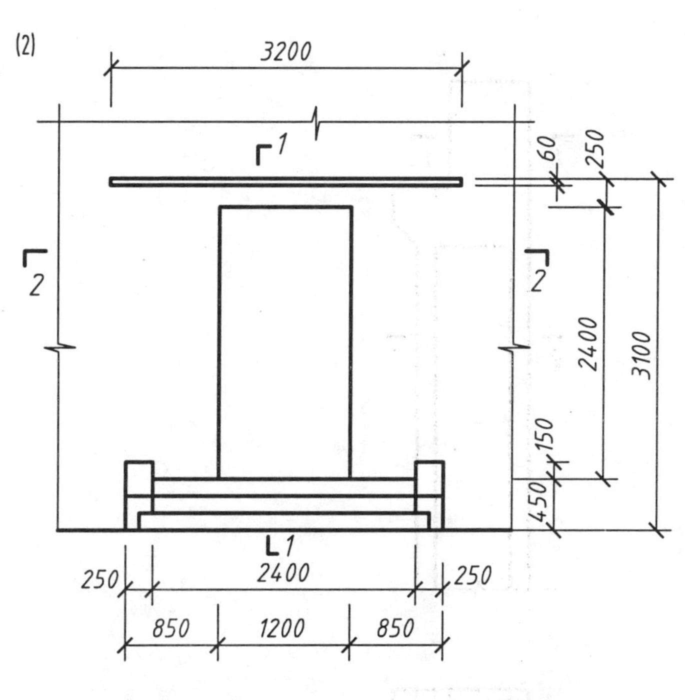

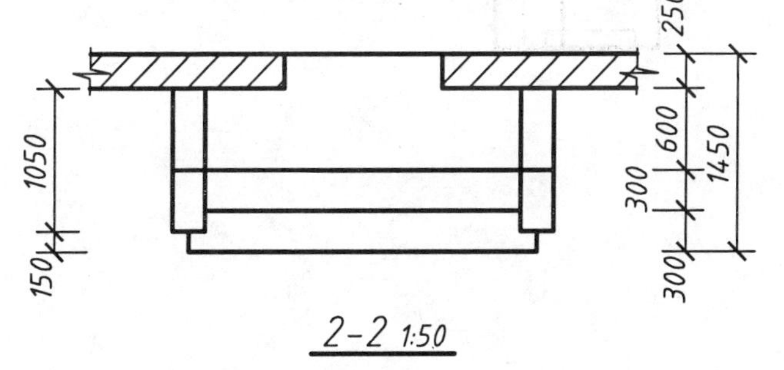

2-2 1:50

11-15 画出钢筋混凝土柱的1-1、2-2断面图。

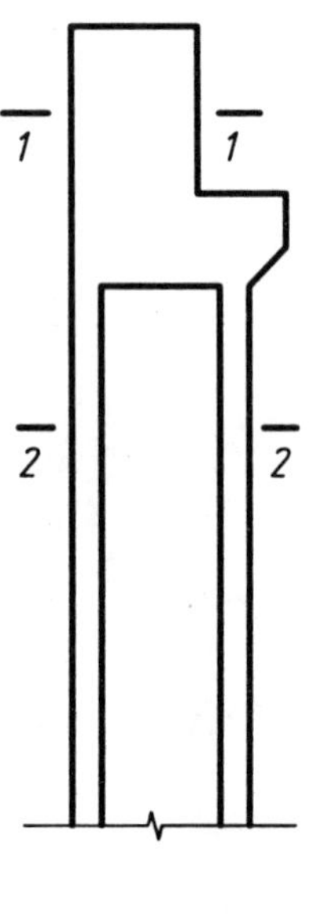

11-16 画出钢筋混凝土檩条的1-1、2-2断面图。

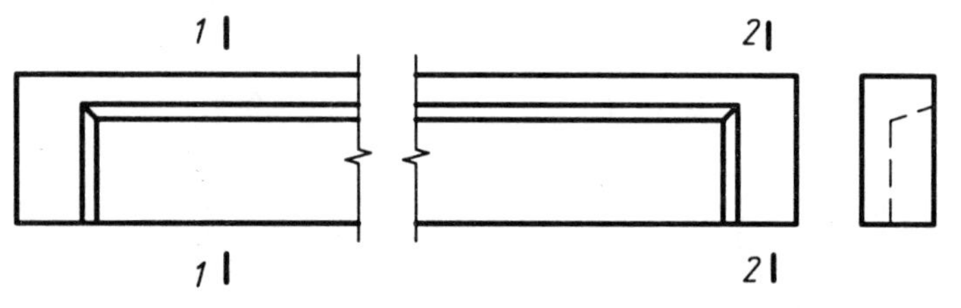

11-17 画出钢筋混凝土梁的1-1、2-2断面图。

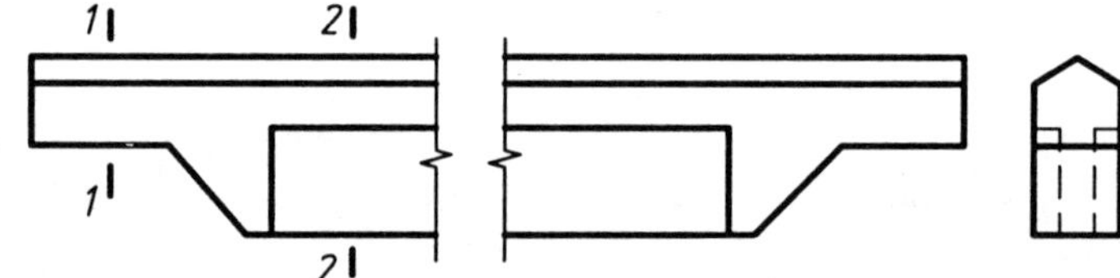

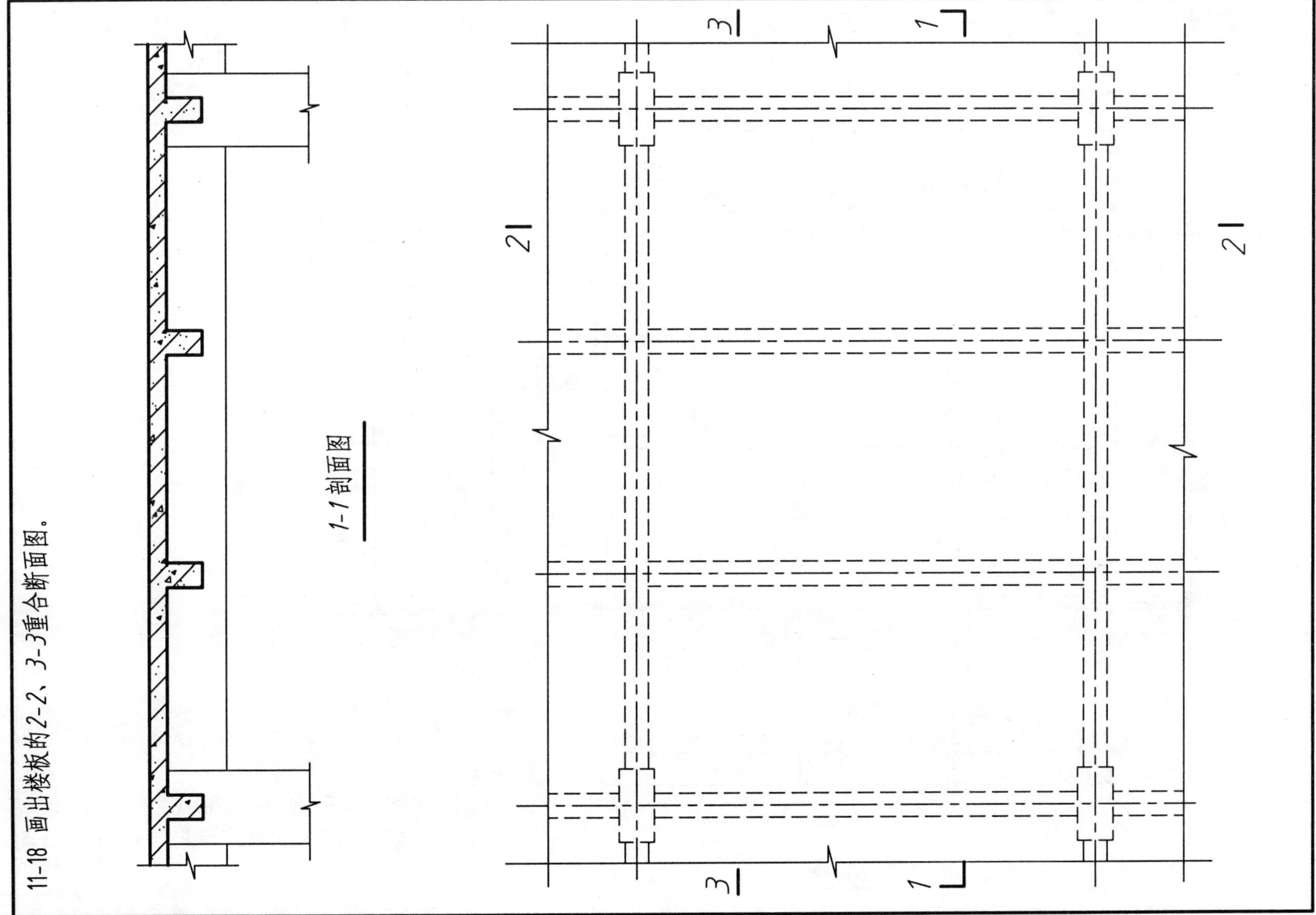
11-18 画出楼板的2-2、3-3重合断面图。
1-1剖面图
1
2
3

12-1 某房屋底层平面图如下所示。已知门厅、管理室、理发室的地面标高均为±0.000，更衣室、淋浴室、卫生间等房间比门厅低20mm，室外台阶面比门厅低20mm。

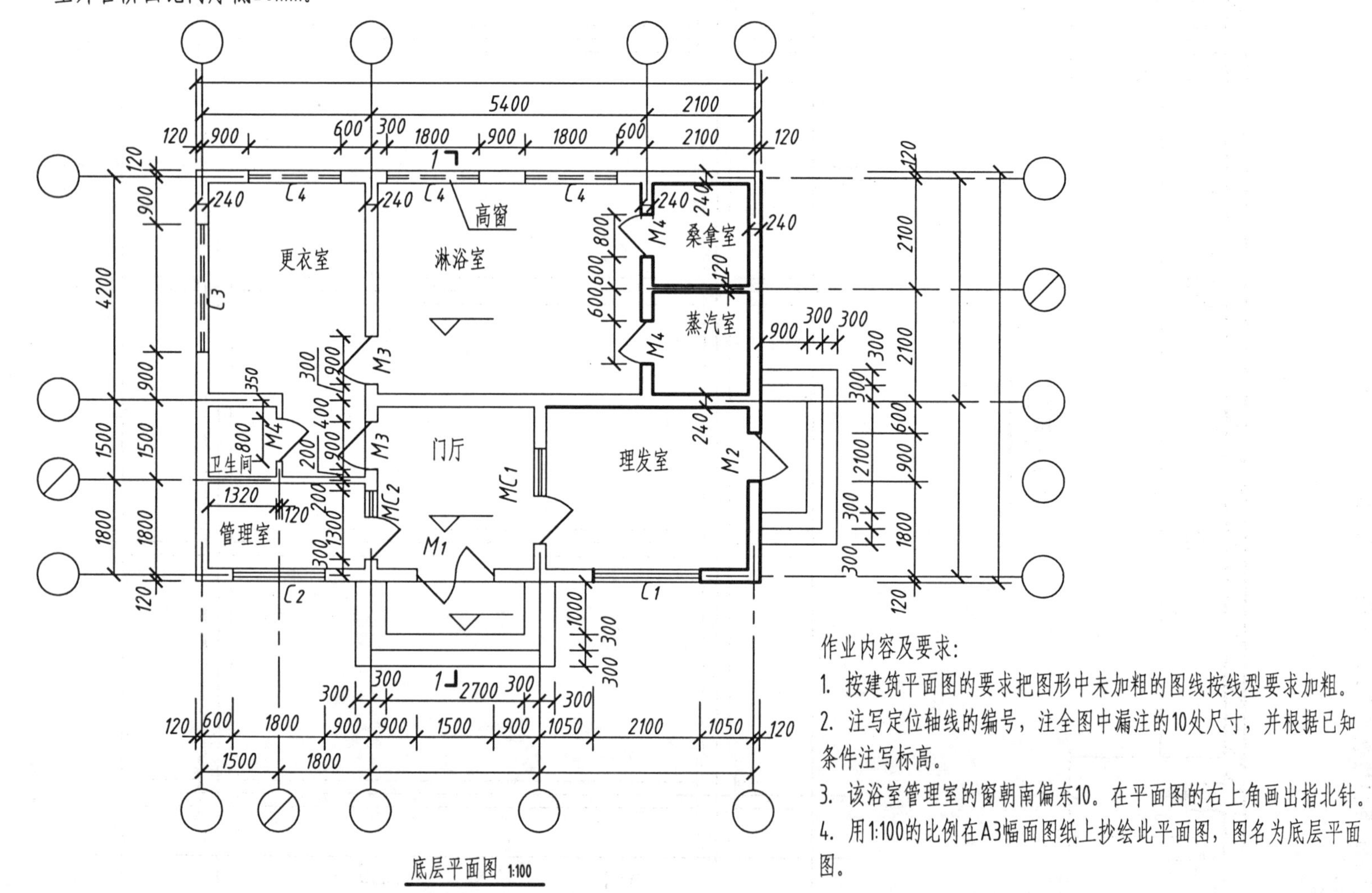

底层平面图 1:100

作业内容及要求：

1. 按建筑平面图的要求把图形中未加粗的图线按线型要求加粗。
2. 注写定位轴线的编号，注全图中漏注的10处尺寸，并根据已知条件注写标高。
3. 该浴室管理室的窗朝南偏东10。在平面图的右上角画出指北针。
4. 用1:100的比例在A3幅面图纸上抄绘此平面图，图名为底层平面图。

12-2 建筑平、立、剖面图。

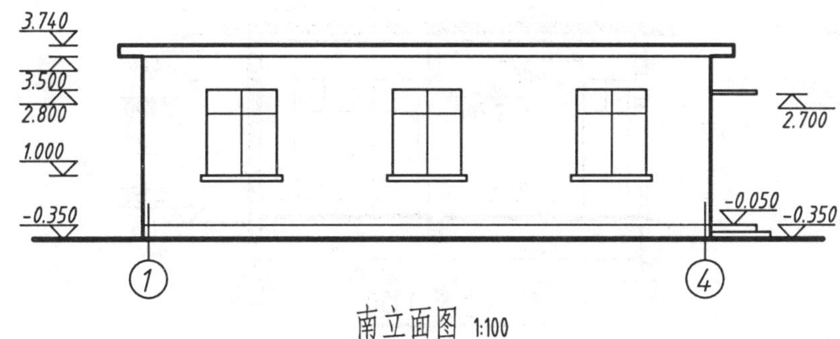

南立面图 1:100

1-1剖面图 1:100

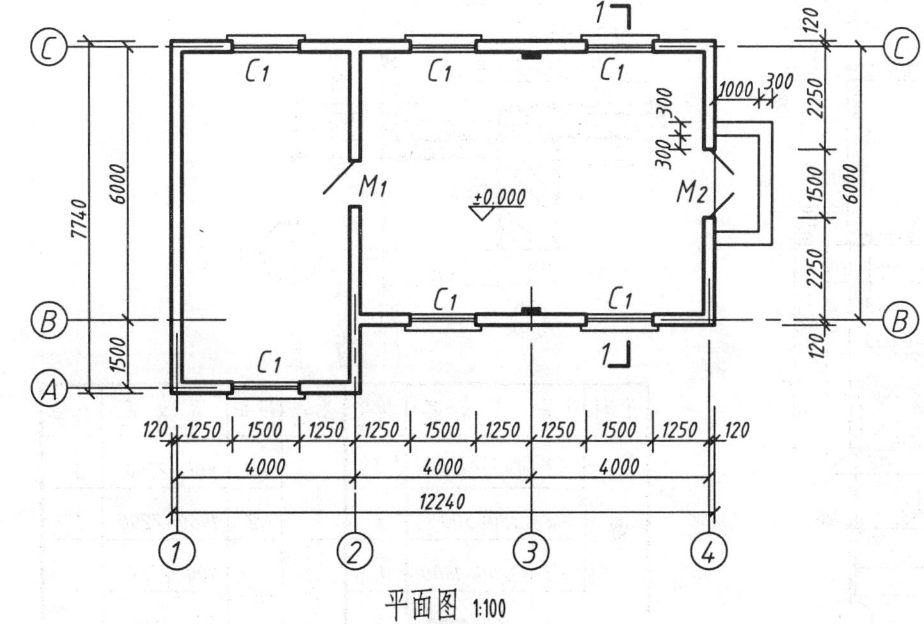

平面图 1:100

作业内容及要求：

根据建筑物的平、立面图补画出1-1剖面图，标注所有尺寸、标高及定位轴线。领会全图后将建筑物的平、立、剖面图按1:100的比例，抄绘在A3图纸上。

注：

1. 平屋顶挑檐伸出外墙皮500mm。
2. 门M_1的高度为2700mm。
3. 沿③轴设有一条简支梁，其断面为250×550。
4. 窗台板厚度及其外挑部分长度均为120mm。
5. 窗过梁高度为160mm，且与墙同宽。
6. 图中简支梁、窗过梁均采用钢筋混凝土材料，窗台板采用水磨石，各材料图例表达要正确。

12-3 抄绘房屋平、立、剖面图及详图。

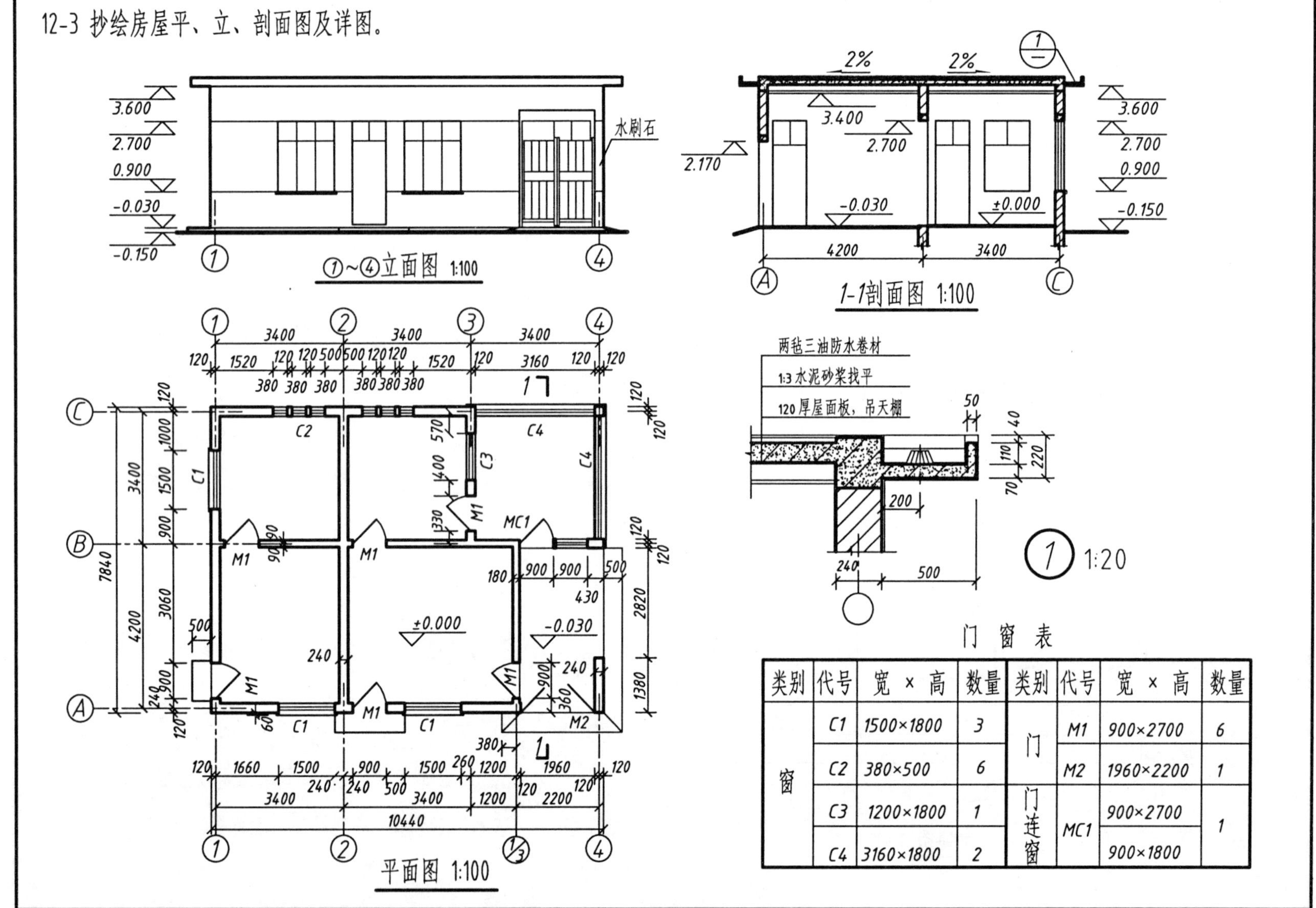

门窗表

类别	代号	宽 × 高	数量	类别	代号	宽 × 高	数量
窗	C1	1500×1800	3	门	M1	900×2700	6
	C2	380×500	6		M2	1960×2200	1
	C3	1200×1800	1	门连窗	MC1	900×2700	1
	C4	3160×1800	2			900×1800	

12-4　抄绘楼梯间详图。

顶层平面图 1:50
中间层平面图 1:50
底层平面图 1:50
1-1剖面图 1:40
栏杆扶手详图 1:4
平台节点详图 1:20
1 1/4"木螺钉 400
-30x4
□15x4
下20步
上20步
下3步
9x280=2520
10x180=1800

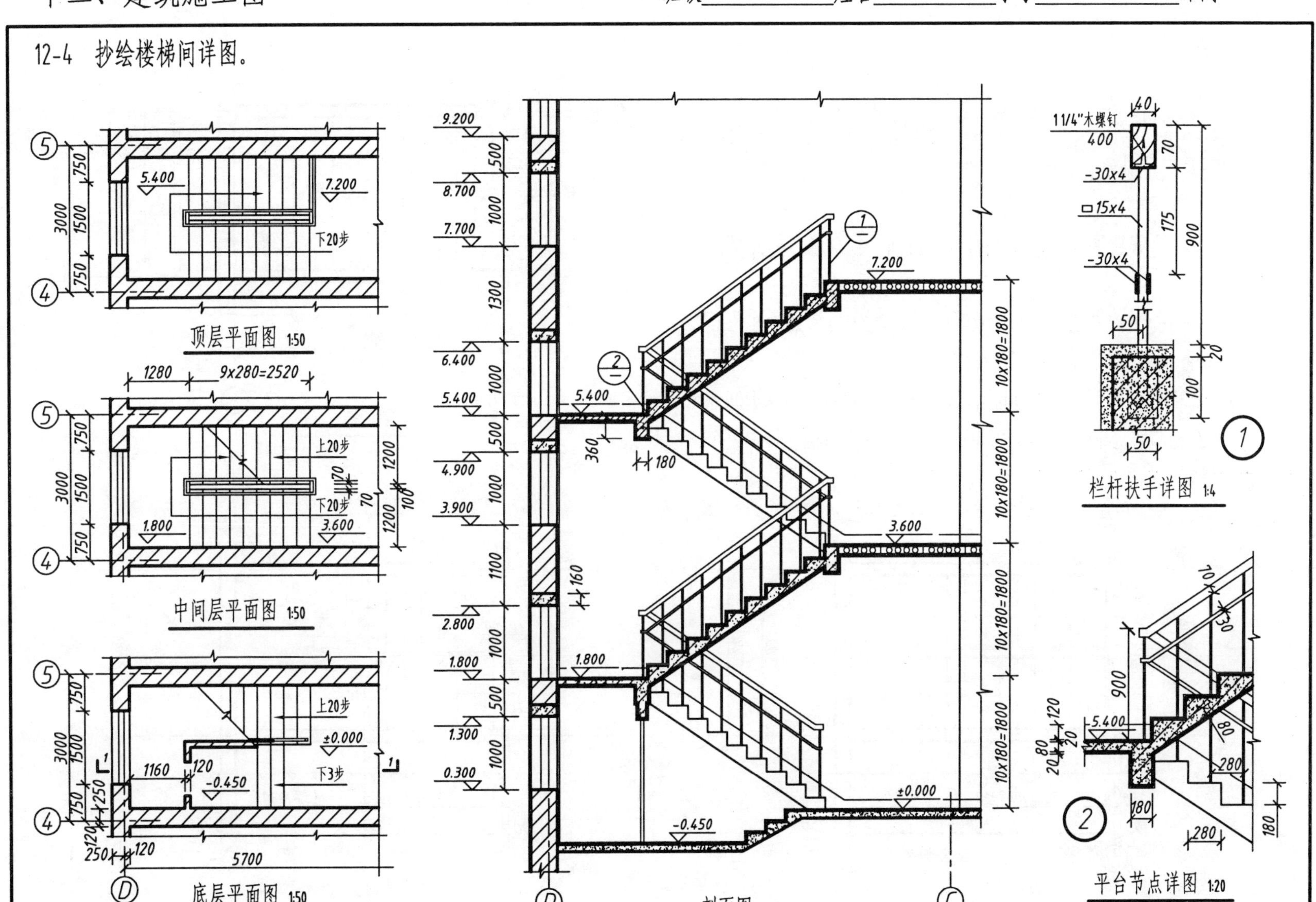

12-5 楼梯间详图。

作业内容及要求

在A2图纸上抄绘楼梯平面图，并补画出1-1剖面图，标注所有尺寸、标高及定位轴线，比例自定。

注：

1. 楼板及休息平台板的厚度均为100 mm，每个梯段的厚度均为110 mm。

2. *D* 轴处梁的断面为250 mm×400 mm，其余楼梯梁断面为250 mm×300 mm，窗过梁断面为250 mm×160 mm。

3. 楼梯栏杆的高度为900 mm，顶层安全栏板的高度为1100 mm。

4. *E* 轴墙体上门洞高度2100 mm，窗高为1000 mm，墙厚250 mm。其余墙厚200 mm。

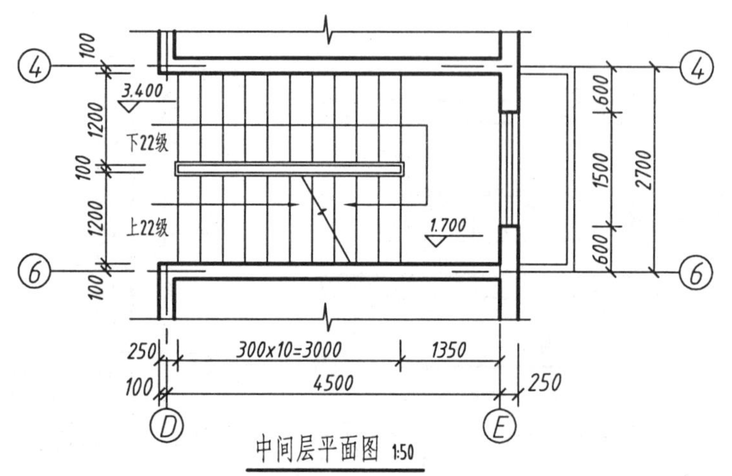

中间层平面图 1:50

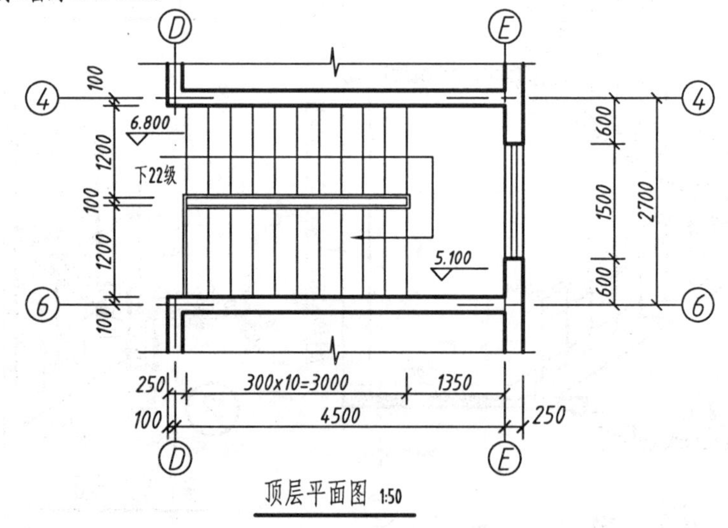

顶层平面图 1:50

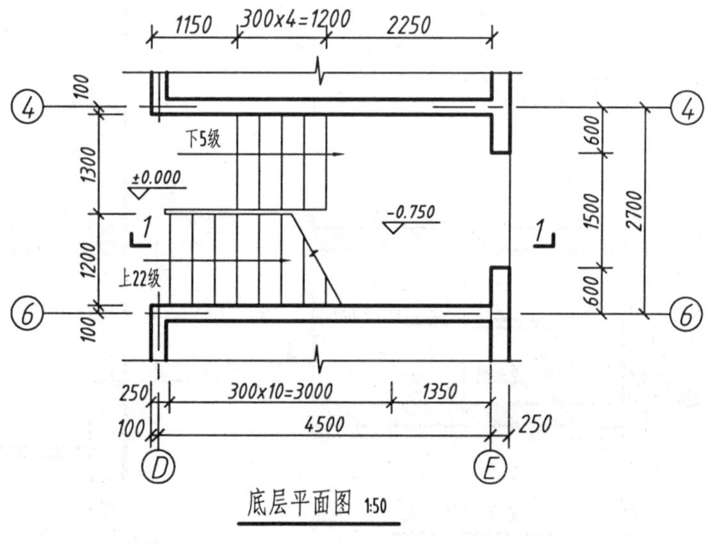

底层平面图 1:50

12-6 复习思考题。

1. 试述房屋各部的组成及其作用。
2. 试述建筑施工图的内容。
3. 试述建筑施工图的图示特点。
4. 总平面图应表达哪些主要内容？
5. 试述一幢房屋的平、立、剖面图应表达的主要内容。
6. 各层平面图的剖切位置在何处？
7. 建筑平面图、立面图中对线型有何要求？
8. 总平面图和建筑平、立、剖面图中的标高有何区别？
9. 楼梯间详图包括哪些内容？各层楼梯平面图的剖切位置在何处？
10. 国家标准对详图的索引符号和详图符号有哪些规定？解释下图中各种符号的意义。

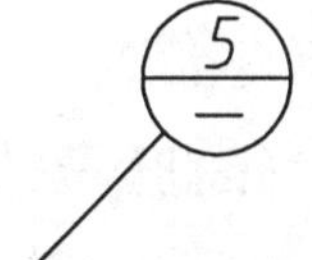

13-1 填空题。

1. 以下常用结构构件的代号名称为：B代表______，TB代表______，WB代表________，JL代表__________，ZH代表__________，ZC代表__________，CC代表________，YP代表__________，KL代表________________，LT代表________________。

2. 钢筋按其强度和品种分成不同的等级，并用不同的直径符号表示。其中HPB235、HRRB335、HRRB400和RRB400分别用________、________、________。

3. 钢筋的保护层是指______________________________的厚度。

4. 在钢筋混凝土结构构件详图中，钢筋用______或______表示；构件的外轮廓线用__________表示。

5. 基础施工图通常包括____________和____________两部分。

6. 基础平面图中一般只需画出______________的轮廓线，基础的______________可省略不画，而将其画在基础详图中。

7. 基础平面图中的定位轴线编号应与____________ 保持一致。

8. 基础详图中应标注____________等部位的标高；基础埋深是指________________的高度尺寸。

9. 在楼层结构平面图中，习惯把楼板下不可见墙身线和门窗洞口位置画成______________；各种梁用______________线表示它们的中心线位置。

13-2 简答题。

1. 简述结构平面布置图的形成过程。
2. 钢筋混凝土构件中配置的钢筋种类有哪些？
3. 钢筋的弯钩形式有几种？试以简图表示。
4. 钢筋混凝土构件配筋图中，钢筋的注写方式有哪几种？
5. 基础平面图主要表达哪些内容？分别简述。
6. 现浇钢筋混凝土楼板配筋图中，钢筋的上下表示是如何规定的？
7. 工业厂房的结构平面图一般包含哪些内容？
8. 简述预应力钢筋混凝土空心预制板“6Y-KB36-2A/3Y-KB36-3A”中各符号的含义？
9. 钢结构图一般包含哪三部分？并解释其含义。
10. 试简述普通钢屋架施工图所包含的内容。

13-3 读图题。

阅读教材图13-3至13-16，阅读后完成下列问题：

1. 基础平面图中，墙下为____________基础；填充断面为__________；其下是__________基础。图中条形基础共有______种不同的形式和尺寸。

2. 该图中条形基础是由________砌筑而成的，基础墙的宽度是________；

基础圈梁配筋为__________。基础地面的标高是________，基础的埋深是____________。

3. L1的断面形状为____________，图13-3中①、②号是__________筋；__________筋在近45°处弯起；箍筋的配置为____________。梁底标高为_____________。

4. 现浇板结构平面图中，单点画线表示_____________。③单元板的布置为____________，板跨是__________。

13-4 抄绘基础图。

1. 作业目的：

熟悉一般建筑物的基础图的内容和表达方法，通过作业掌握绘制基础图的步骤和方法。

2. 作业内容：

阅读下页图，抄绘下页图中的基础平面图和基础详图。

3. 作业要求：

(1) 图幅A3，比例1:100、1:20。

(2) 图线：铅笔图或墨线图。剖到的墙身轮廓线和钢筋线宽约为0.7mm，未剖到的可见轮廓线宽度约为0.35mm；定位轴线、尺寸线等宽度约0.18mm。

(3) 字体：汉字用长仿宋体。图名用7号字，平面图中各部分名称用5号字。轴线圆圈内的数字或字母用5号字，尺寸数字用3.5号字。

(4) 标题栏的格式和大小见教材相关内容，或由任课老师指定。

(5) 作图应准确、图线粗细分明、尺寸标注无误、字体端正整齐、图面布置合理。

十三、结构施工图

班级＿＿＿＿＿姓名＿＿＿＿＿学号＿＿＿＿＿评阅

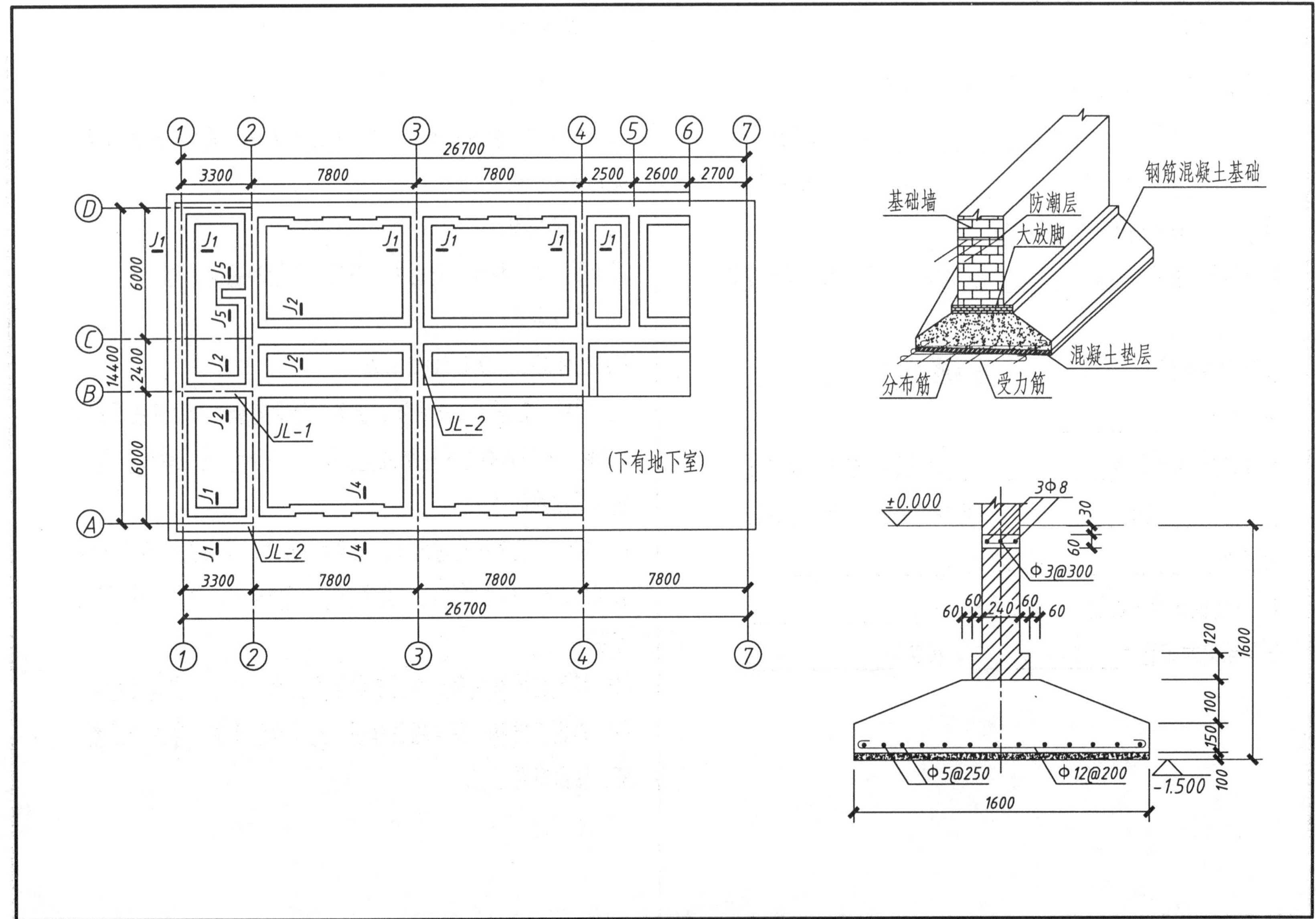

13-5 抄绘钢筋混凝土梁构件详图。

1. 作业目的:

熟悉钢筋混凝土构件详图的内容，通过作业掌握绘制构件详图的步骤和方法。

2. 作业内容:

阅读并抄绘下图所示的钢筋混凝土梁构件详图，并画出钢筋明细表。

3. 作业要求:

(1) 图幅A3，比例1:50、1:20。

(2) 图线：铅笔图或墨线图。剖到的墙身轮廓线和钢筋线宽约为0.7mm，未剖到的可见轮廓线宽度约为0.35mm；定位轴线、尺寸线等宽度约0.18mm。

(3) 字体：汉字用长仿宋体。图名用7号字，平面图中各部分名称用5号字。轴线圆圈内的数字或字母用5号字，尺寸数字用3.5号字。

(4) 标题栏的格式和大小见教材相关内容，或由任课老师指定。

(5) 作图应准确、图线粗细分明、尺寸标注无误、字体端正整齐、图面布置合理。

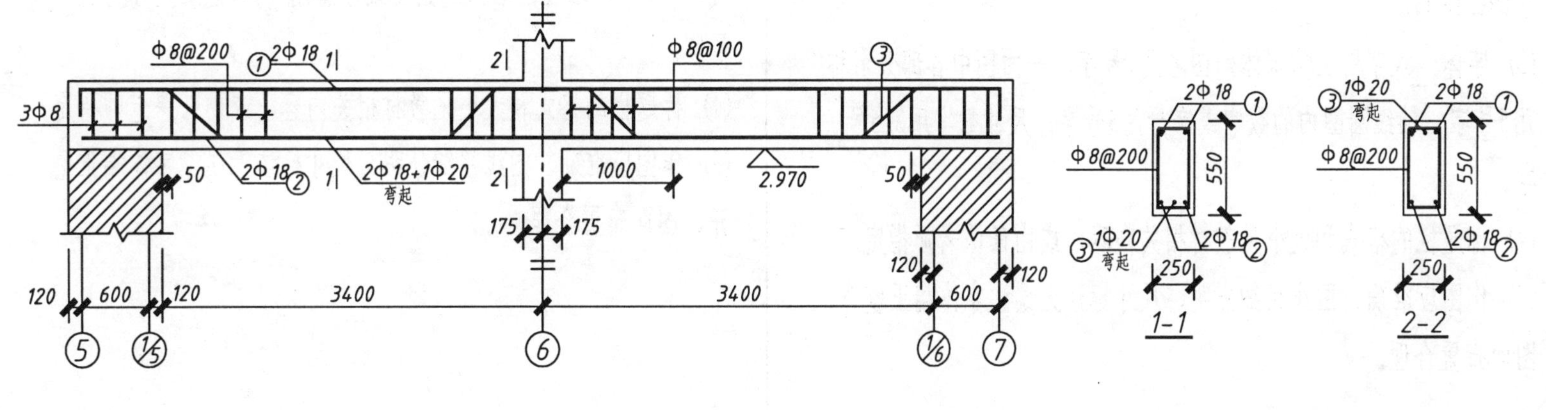

13-6 抄绘钢筋混凝土平法施工图。

1. 作业目的:

熟悉钢筋混凝土结构平法标注的内容，通过作业掌握绘制钢筋混凝土平法标注图的步骤和方法。

2. 作业内容:

阅读教材中图13.5、13.6、13.12，抄绘钢筋混凝土平法标注施工图。

3. 作业要求:

(1) 图幅A2，比例1:100。

(2) 图线: 铅笔图或墨线图。剖到的墙身轮廓线和钢筋线宽约为0.7 mm，未剖到的可见轮廓线宽度约为0.35 mm; 定位轴线、尺寸线等宽度约0.18 mm。

(3) 字体: 汉字用长仿宋体。图名用7号字，平面图中各部分名称用5号字。轴线圆圈内的数字或字母用5号字，尺寸数字用3.5号字。

(4) 标题栏的格式和大小见教材相关内容，或由任课老师指定。

(5) 作图应准确、图线粗细分明、尺寸标注无误、字体端正整齐、图面布置合理。

13-7 抄绘轻型门式刚架钢结构施工图。

1. 作业目的:

熟悉轻型门式刚架钢结构施工图的内容，通过作业掌握绘制门式刚架施工图的步骤和方法。

2. 作业内容:

阅读下页的轻型门式刚架钢结构施工图，抄绘门式刚架钢结构施工图。

3. 作业要求:

(1) 图幅A2，比例1:50。

(2) 图线: 铅笔图或墨线图。

(3) 字体: 汉字用长仿宋体。图名用7号字，平面图中各部分名称用5号字。轴线圆圈内的数字或字母用5号字，尺寸数字用3.5号字。

(4) 标题栏的格式和大小见教材相关内容，或由任课老师指定。

(5) 作图应准确、图线粗细分明、尺寸标注无误、字体端正整齐、图面布置合理。

班级＿＿＿＿＿姓名＿＿＿＿＿学号＿＿＿＿＿评阅

7800
7800
1600
1600
1600
1600
1300
300
300
1300
1600
1600
1600
1600
5000
4527
400
16000
-94X10
146
孔d=24.0
M22
-97X10
106
-200X18
590
1-1
孔d=24.0
M22
-97X10
144
-200X20
446
2-2
-80x20
80
孔d=26.0
M24
孔d=29.0
M24
-248X20
440
3-3
GJ-1 1:50

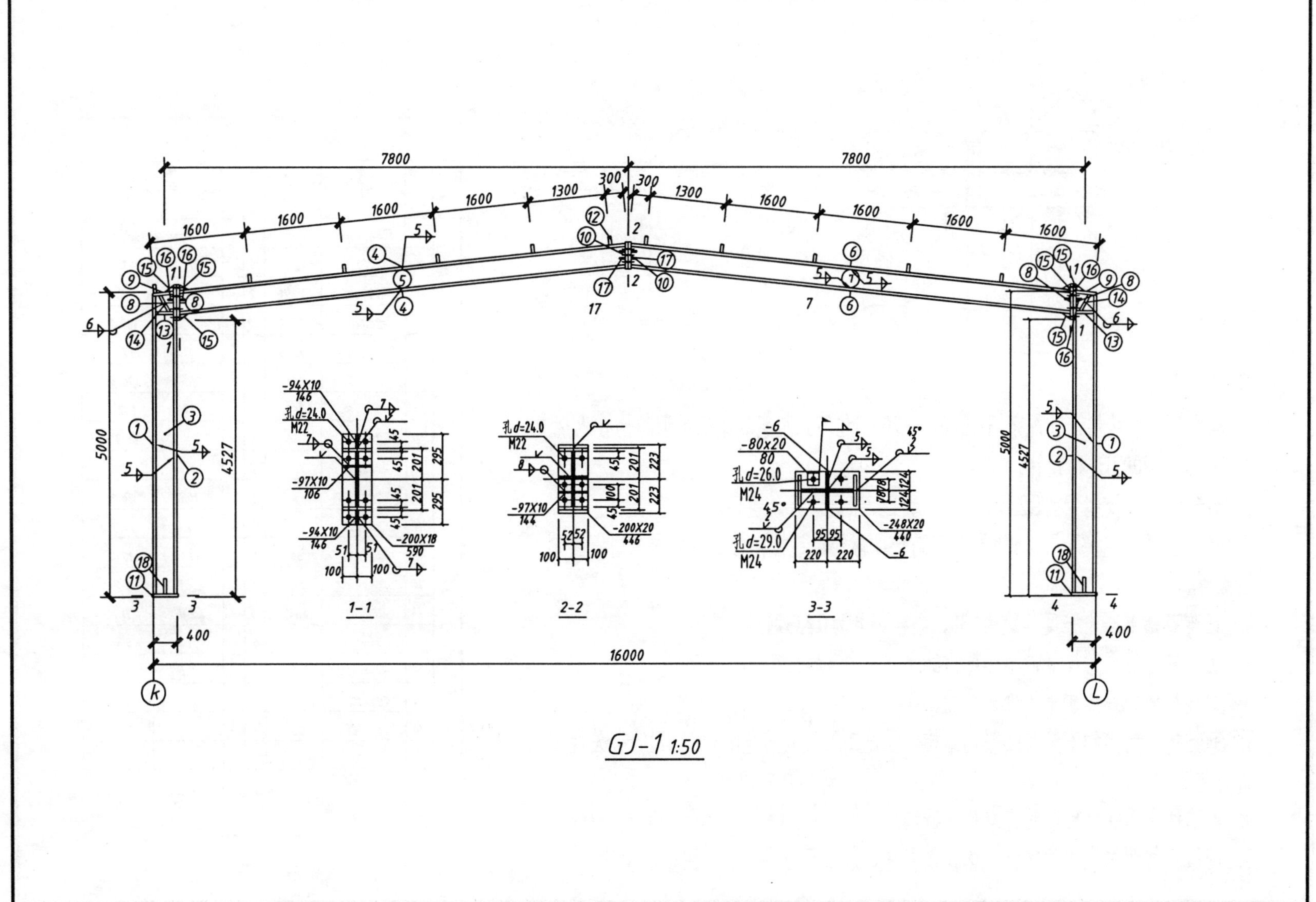

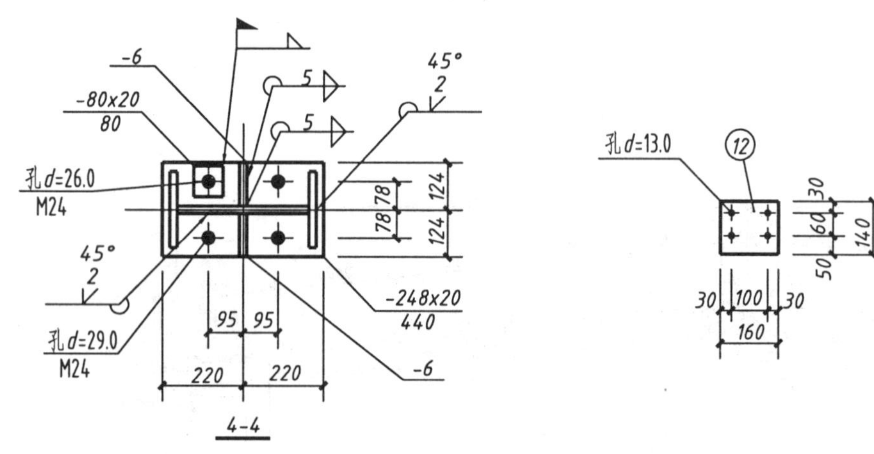

构件编号	零件编号	规格	长度(mm)	数量 正	数量 反	重量(kg) 单重	重量(kg) 共重
GJ-1	1	-200x10	4952	2		77.8	155.5
	2	-200x10	4507	2		70.8	141.5
	3	-380x8	4991	2		118.7	237.3
	4	-200x8	7594	2		95.4	190.8
	5	-384x6	7634	1		137.4	137.4
	6	-200x8	7593	2		95.4	190.7
	7	-384x6	7632	1		137.3	137.3
	8	-200x18	590	4		16.7	66.7
	9	-200x8	392	2		4.9	9.8
	10	-200x20	446	2		14.0	28.0
	11	-248x20	440	2		17.1	34.3
	12	-140x6	160	10		1.1	10.6
	13	-96x8	380	4		2.3	9.2
	14	-100x8	442	4		2.8	11.1
	15	-94x10	146	6		1.1	6.5
	16	-97x10	106	8		0.8	6.5
	17	-97x10	144	8		1.1	8.8
	18	-120x6	250	4		1.4	5.7

设计说明:

1. 本设计按钢结构设计规范(GB 50017—2003)和门式刚架轻型房屋钢结构技术规程(CECS102:2002)进行设计。
2. 材料：钢板及型钢为Q235钢，焊条为E43系列焊条。
3. 构件的拼接连接采用10.9级摩擦型高强度螺栓，连接接触面的处理采用钢丝刷清除浮锈。
4. 柱脚基础混凝土强度等级为C30，锚栓钢号为Q235钢。
5. 图中未注明的角焊缝最小厚度为6mm，一律满焊。
6. 对接焊缝的焊缝质量不低于二级。
7. 钢结构的制作和安装需按照钢结构工程施工及验收规范(GB 50205)的有关规定进行施工。
8. 钢构件表面除锈后刷两道灰色防锈漆。
9. 图纸钢材明细表中的零件规格仅供参考，加工厂应进行加工图二次设计。

14-1 填空题:

1. 建筑给排水工程图是表示建筑物内部各卫生器具、设备、管道及其附件的________、________、________、________、________的图样。

2. 建筑给排水图，按其工程内容的性质来分，大致可分为__________、__________、__________三种。

3. 在给排水平面图中，应该突出管道系统，用__________线绘制建筑平面图中的轴线、墙身、门窗洞口、楼梯等构建的主要轮廓；用______________线以图例的形式绘制卫生设备和器具；用____________线绘制给排水管道。

4. 为了便于读图，在底层给排水平面图中各种管道数量超过一根时，要按系统予以______________。

5. 给排水系统图一般按__________轴测绘制；系统图能反映各管道系统的____________和各种附件在管道上的位置。

6. 管系轴测图中的管路都用____________线表示，其图例及线型、图线宽度等均与平面布置图相同。

7. 系统图中所有管段的__________、__________、__________均应标注在给水排水系统图上。

8. 室外给水排水施工图主要是表明房屋室外__________、__________及__________的连接和构造情况。

9. 为了说明地面的起伏情况，通常在纵剖面图中采用横竖两种不同的比例，一般竖向的比例为横向比例的__________倍。

14-2 根据给出的给排水施工图，完成下列作业：

1. 在A3幅面的图纸上，用1:50的比例抄绘给排水平面图。
2. 按规范补全卫生间排水系统图。

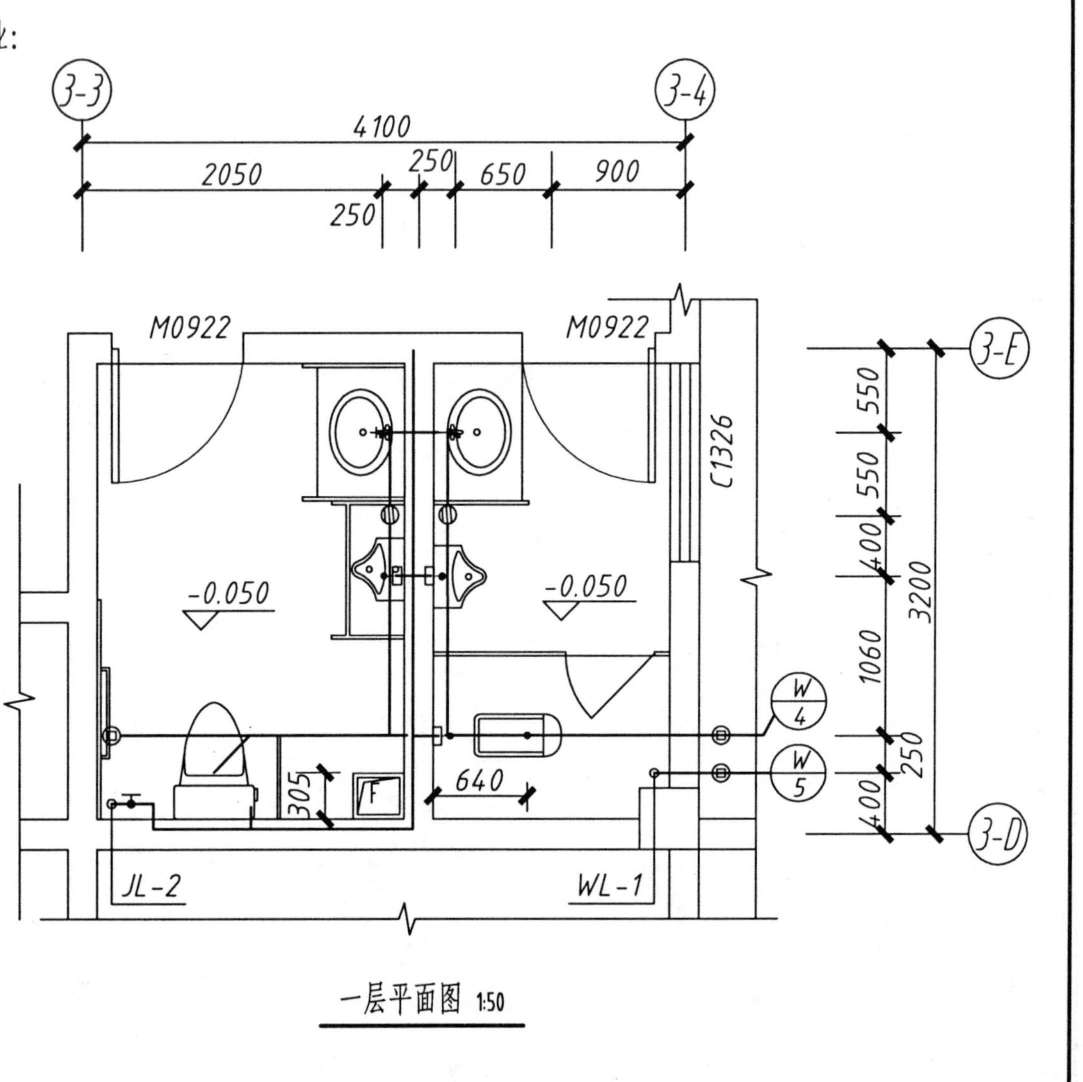

一层平面图 1:50

续14-2 给排水平面图

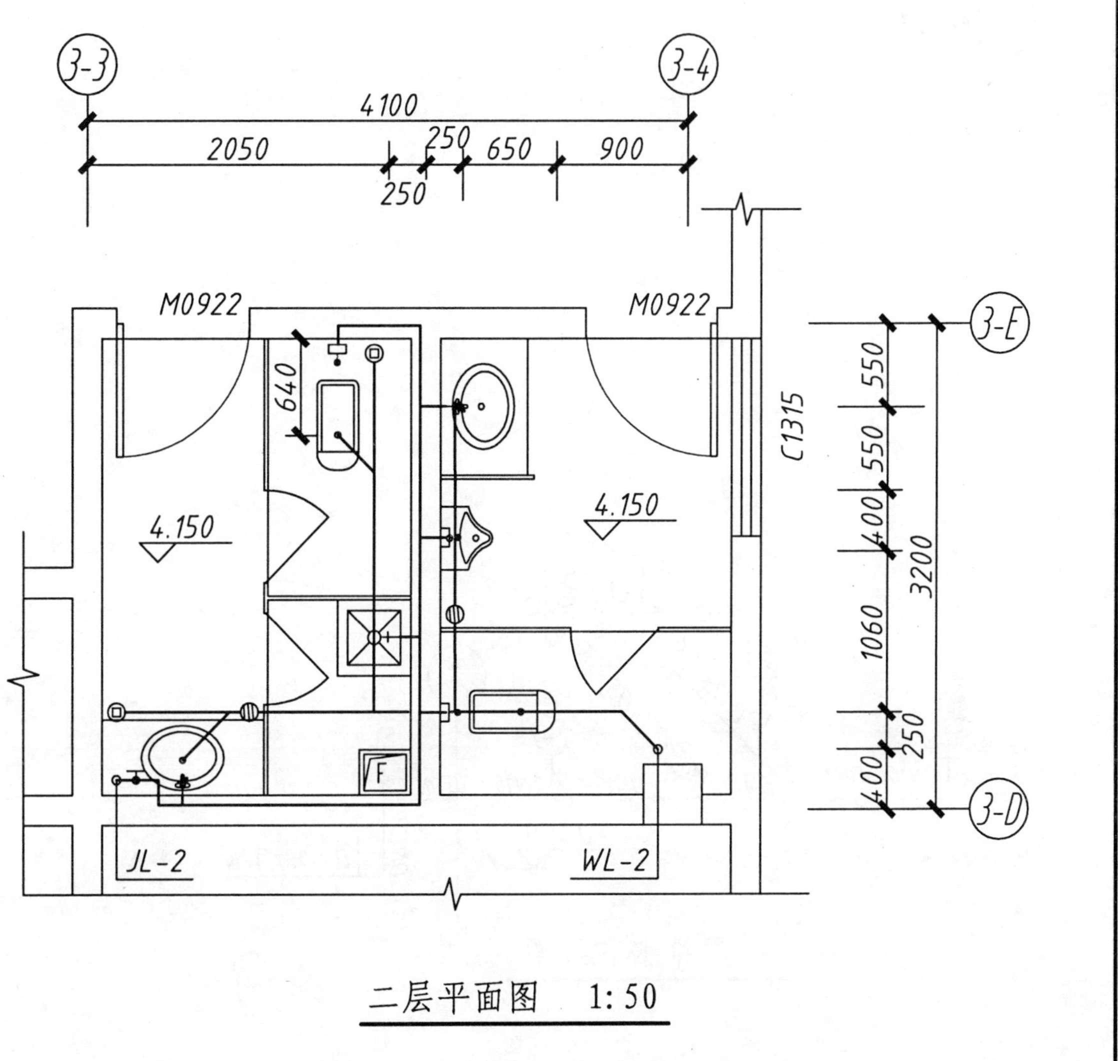

二层平面图　1:50

续14-2 排水系统图

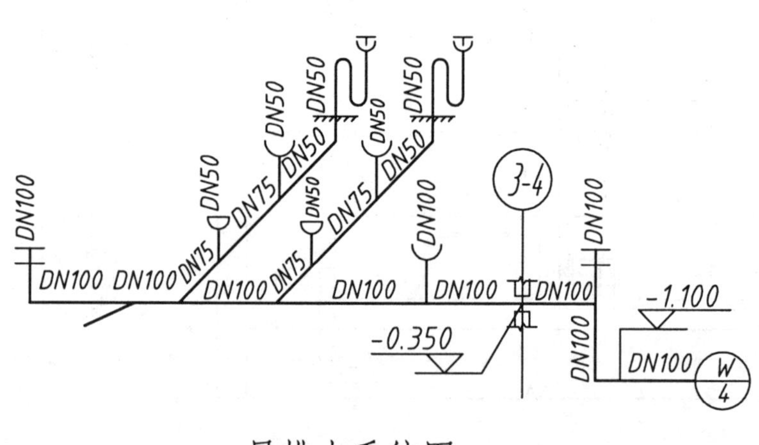

一层排水系统图

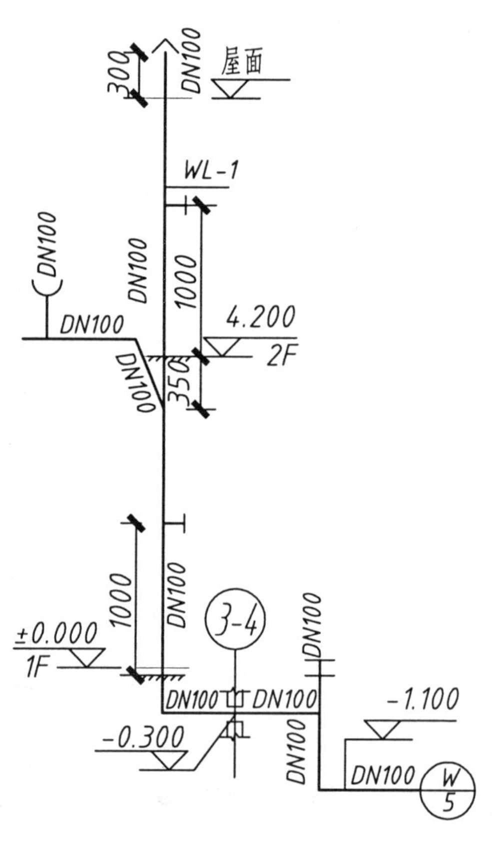

二层排水系统图

15-1 补全《土建工程制图》教材第十五章图15.1“路线平面图”。

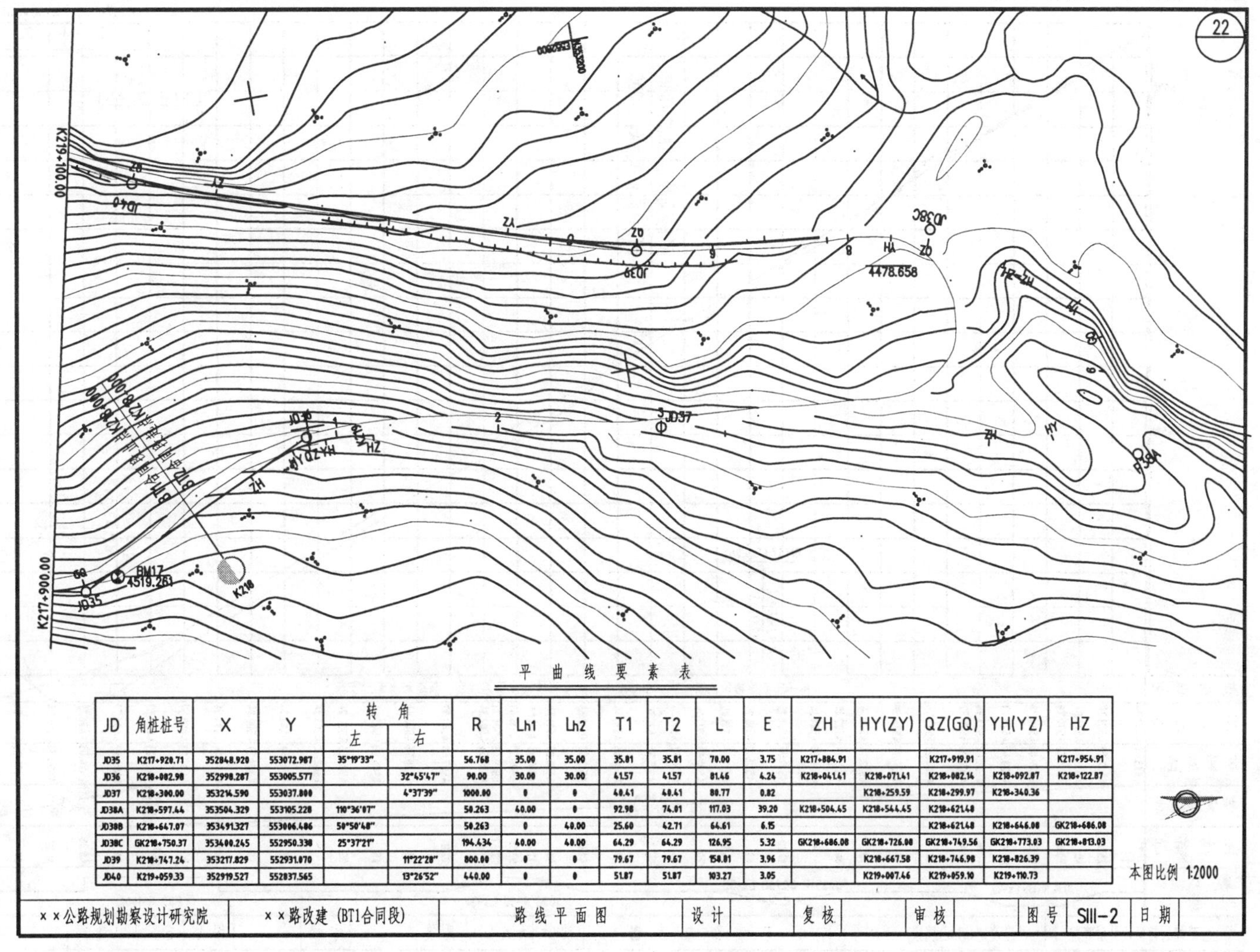

平 曲 线 要 素 表

JD	角桩桩号	X	Y	转角		R	Lh1	Lh2	T1	T2	L	E	ZH	HY(ZY)	QZ(GQ)	YH(YZ)	HZ
				左	右												
JD35	K217+920.71	352848.920	553072.987	35°19′33″		56.768	35.00	35.00	35.81	35.81	70.00	3.75	K217+884.91		K217+919.91		K217+954.91
JD36	K218+002.98	352998.287	553005.577		32°45′47″	90.00	30.00	30.00	41.57	41.57	81.46	4.24	K218+041.41	K218+071.41	K218+082.14	K218+092.87	K218+122.87
JD37	K218+300.00	353214.590	553037.800		4°37′39″	1000.00	0	0	40.41	40.41	80.77	0.82		K218+259.59	K218+299.97	K218+340.36	
JD38A	K218+597.44	353504.329	553105.228	110°36′07″		50.263	40.00	0	92.98	74.01	117.03	39.20	K218+504.45	K218+544.45	K218+621.48		
JD38B	K218+647.07	353491.327	553006.486	50°50′48″		50.263	0	40.00	25.60	42.71	64.61	6.15			K218+621.48	K218+646.08	GK218+686.08
JD38C	GK218+750.37	353400.245	552950.338	25°37′21″		194.434	40.00	40.00	64.29	64.29	126.95	5.32	GK218+686.08	GK218+726.08	GK218+749.56	GK218+773.03	GK218+813.03
JD39	K218+747.24	353217.829	552931.070		11°22′28″	800.00	0	0	79.67	79.67	158.81	3.96		K218+667.58	K218+746.98	K218+826.39	
JD40	K219+059.33	352919.527	552837.565		13°26′52″	440.00	0	0	51.87	51.87	103.27	3.05		K219+007.46	K219+059.10	K219+110.73	

××公路规划勘察设计研究院	××路改建（BT1合同段）	路线平面图	设计		复核		审核		图号	SIII-2	日期	

15-2 补全《土建工程制图》教材第十五章图15.3“路线纵断面图”。

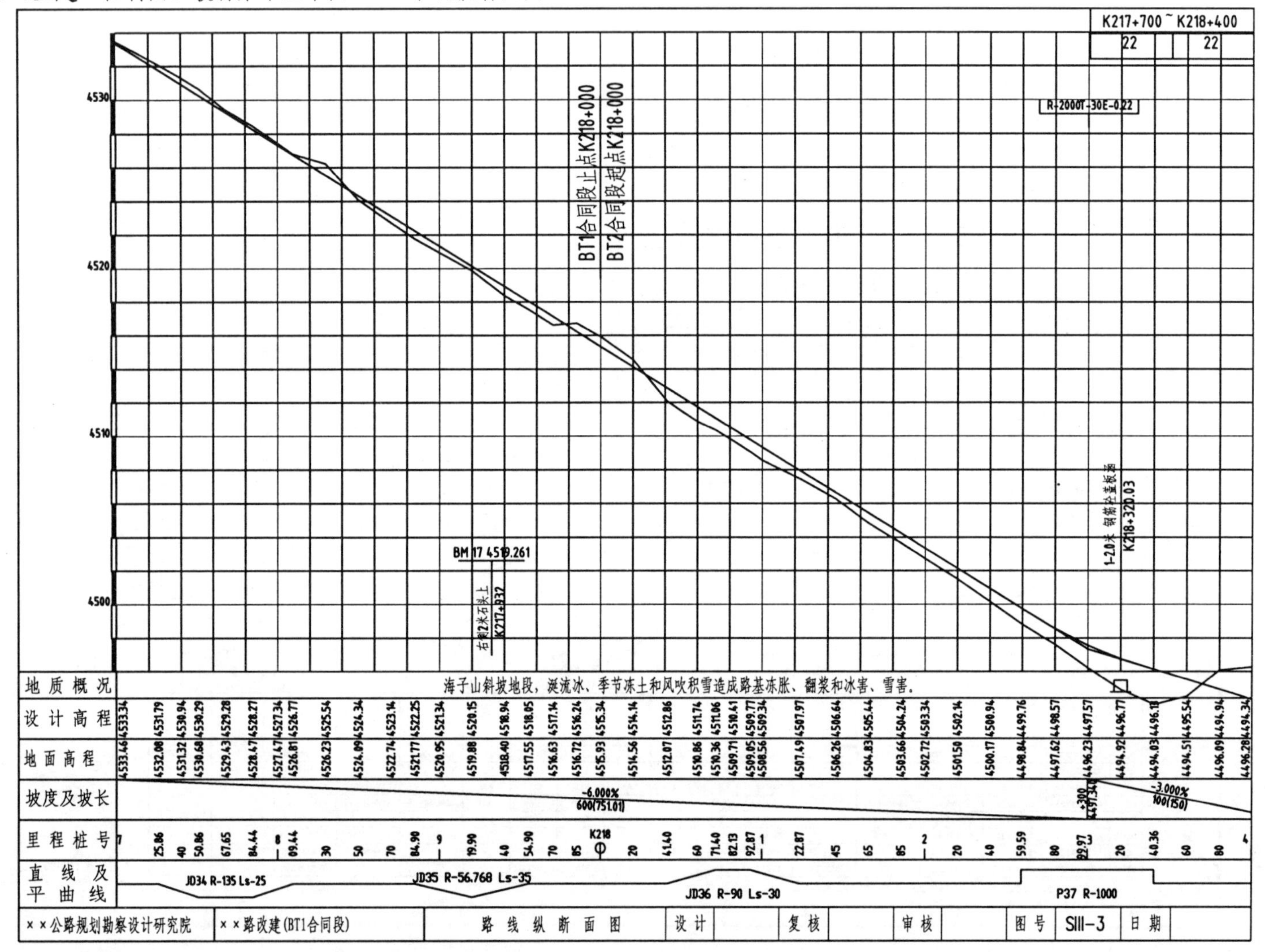

15-3 抄绘《土建工程制图》教材第十五章图15.8“标准横断面设计图”。

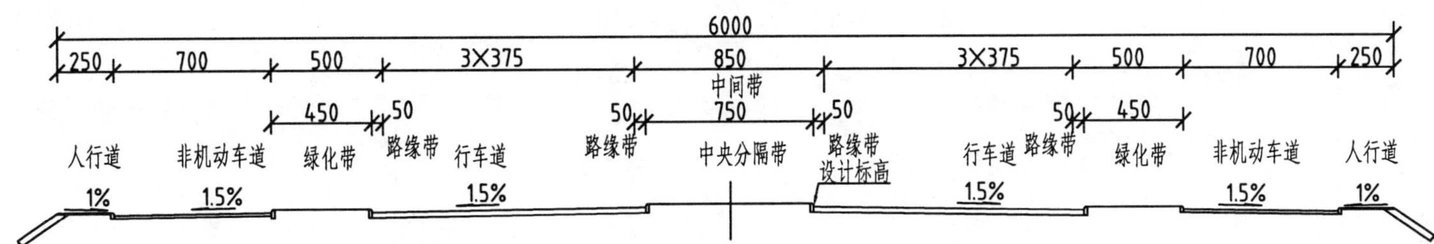

注：1. 本图尺寸以cm为单位。

2. 本路设计标高位于中央分隔带边缘。

3. 由于本路平曲线最小半径为700 m，大于《城市道路设计规范》（CJJ37-90）中不设超高的最小半径（600 m）。故本路不设超高。

16-1 抄绘《土建工程制图》教材第十六章图16.3“××桥总体布置图”。

16-2 补齐《土建工程制图》教材第十六章图16.13“××隧道平面图”。

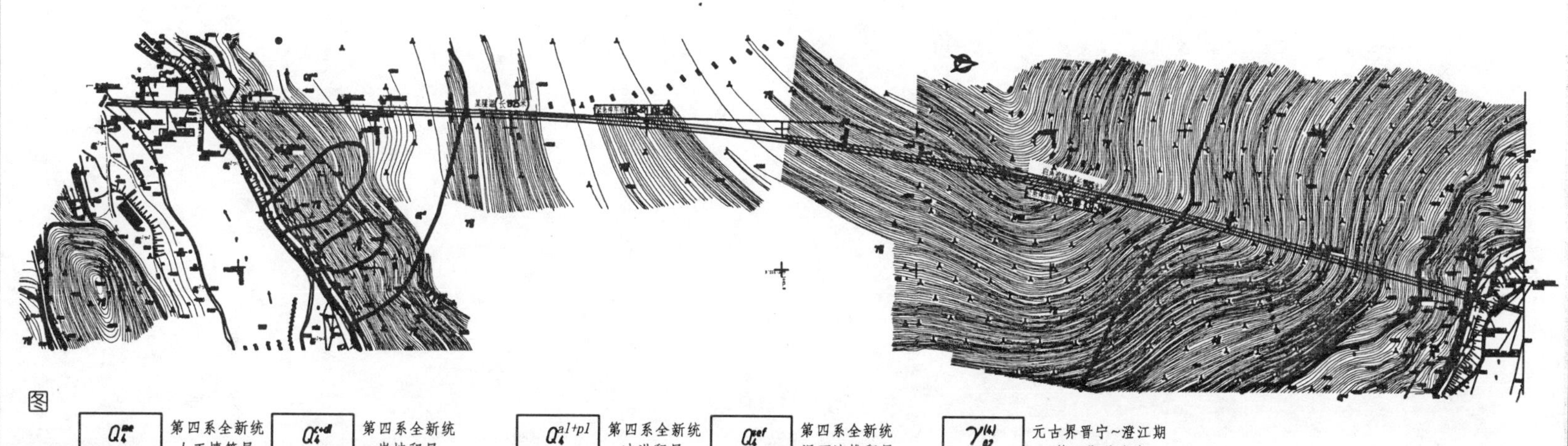

图例

- Q_4^{me} 第四系全新统人工填筑层
- Q_4^{c+dl} 第四系全新统崩坡积层
- Q_4^{al+pl} 第四系全新统冲洪积层
- Q_4^{sef} 第四系全新统泥石流堆积层
- $\gamma_{02}^{(4)}$ 元古界晋宁~澄江期第四期花岗岩
- $\delta_{02}^{(3)}$ 元古界晋宁~澄江期第三期闪长岩
- ZK8 951.61 / 51.60 钻孔编号 地面高程（m） 孔深（m）
- 地质分界线
- 横4 横4 地质剖面位置

16-3 抄绘《土建工程制图》教材第十六章图16.15“隧道洞门图”。

17-1 抄绘《土建工程制图》教材第十七章图17.2所示的“某路段圆管涵布置图”。

17-2 抄绘《土建工程制图》教材第十七章图17.3所示的“钢筋混凝土盖板涵涵洞布置图”。

18-1 求作基面上*AB*直线的透视。

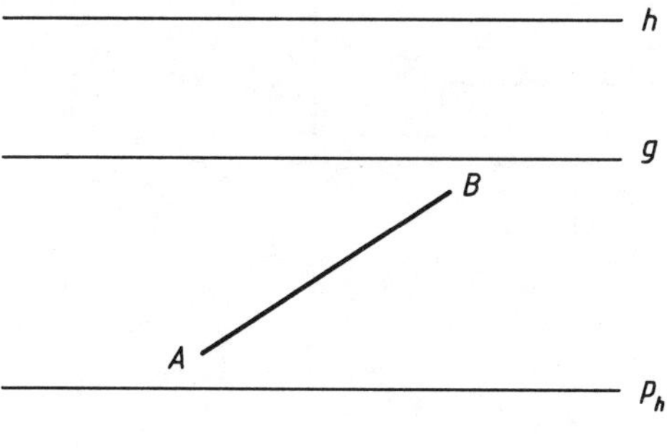

18-2 求作基面上*CD*直线的透视。

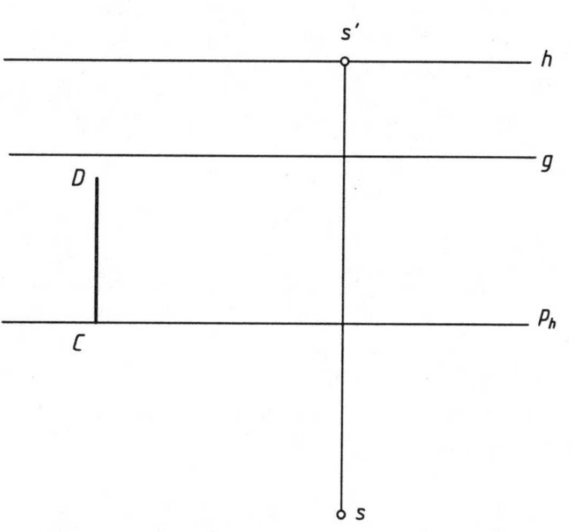

18-3 已知画面平行线*AB*的水平倾角为30° 及*a*′的位置，并知*B*点比*A*点低，求作直线*AB*的基透视和透视。

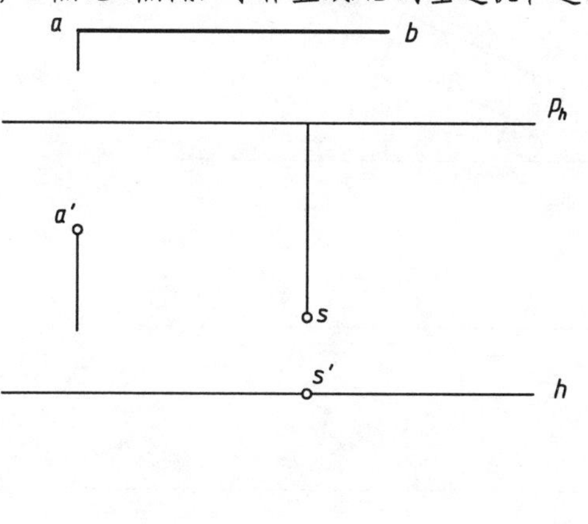

18-4 求作铅垂线*CD*的透视。

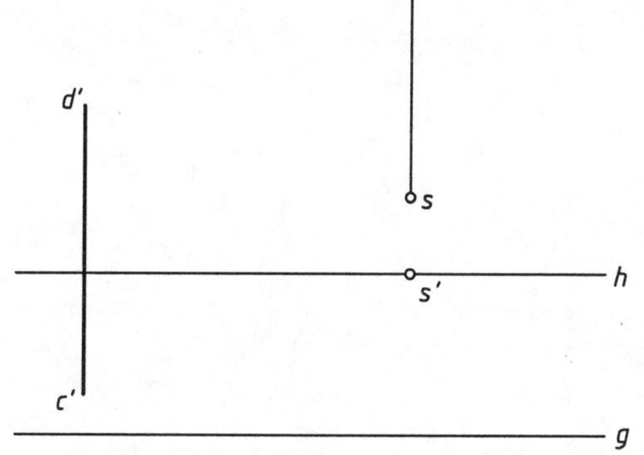

18-5 求作高于基面35 mm的水平线*AB*的透视及其基透视。

h

g

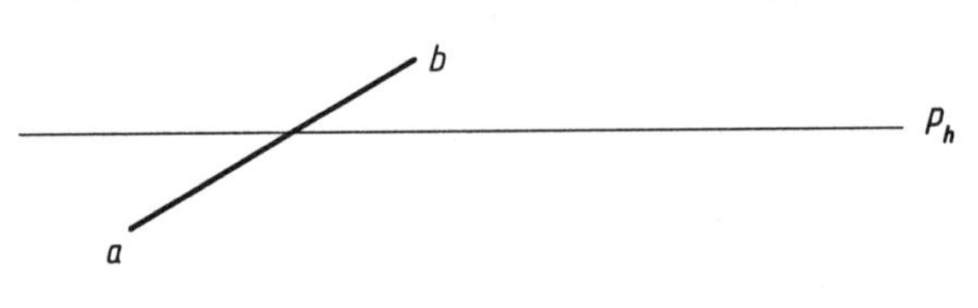

s

18-6 求作基面上L形平面图形的一点透视。

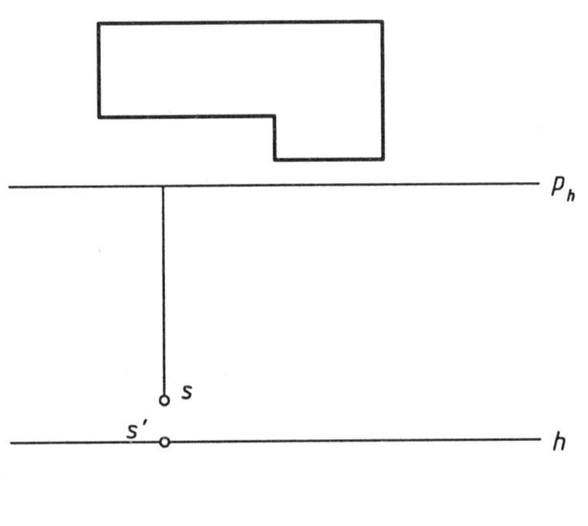

g

18-7 求作基面上平面图形的两点透视。

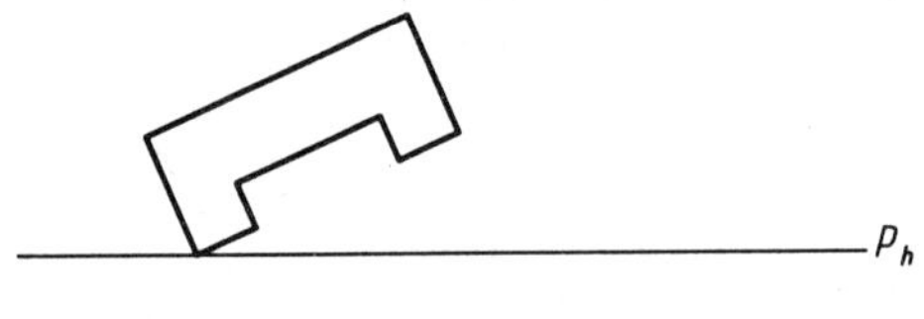

s

h

g

18-8 作平面网格（在基础上）的一点透视。

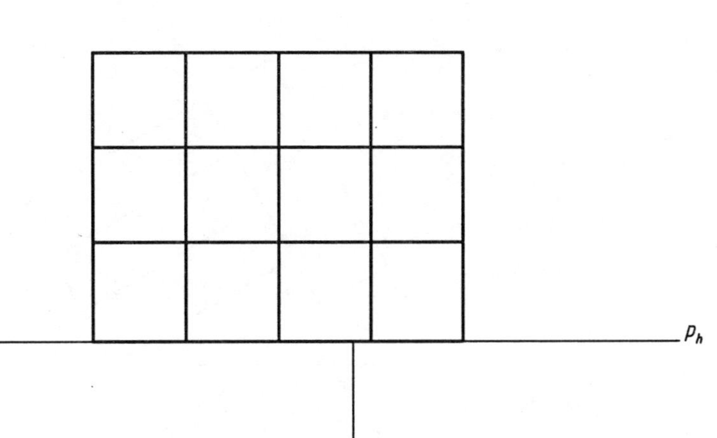

18-9 求作形体的一点透视。

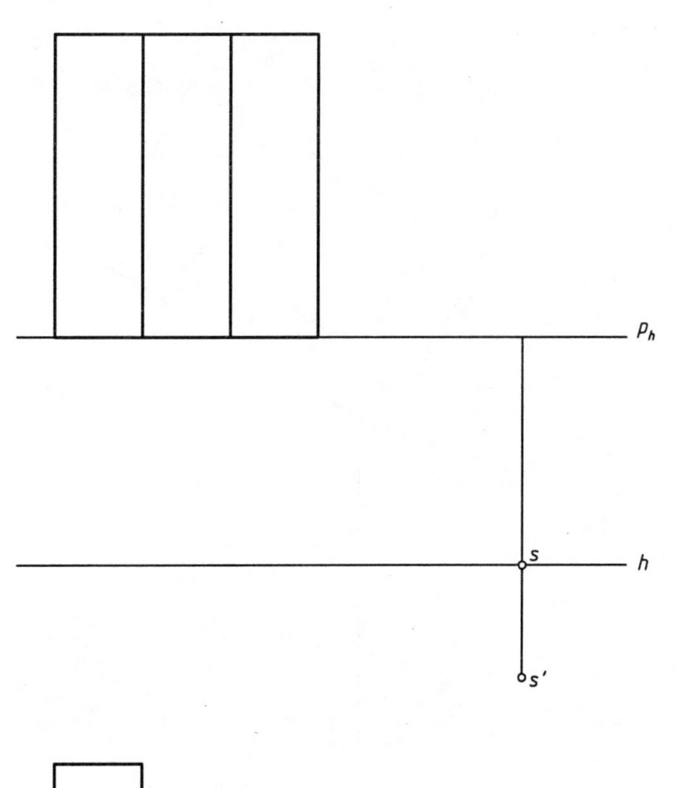

18-10 作所示形体的两点透视，形体高30cm。

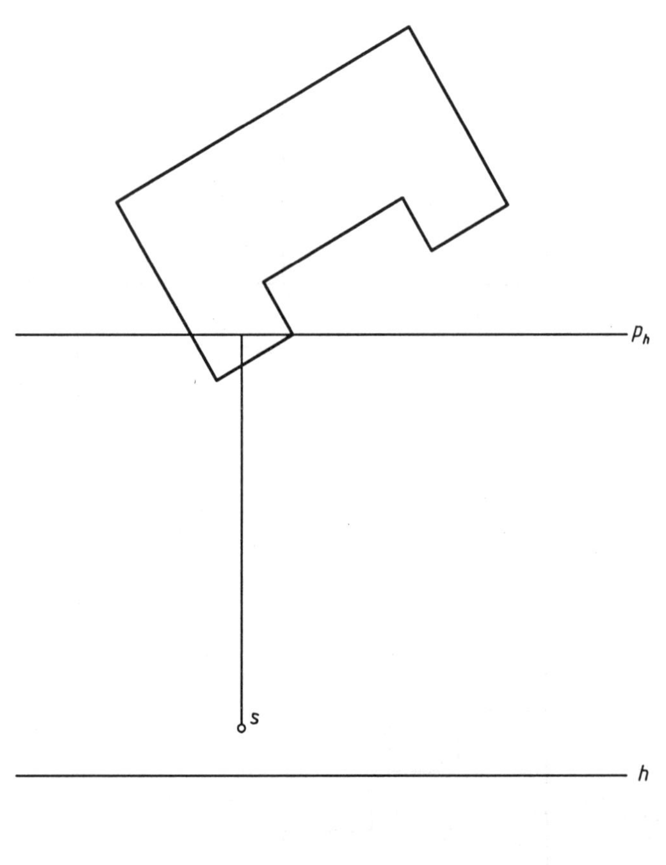

18-11 用建筑师法作台阶的一点透视。

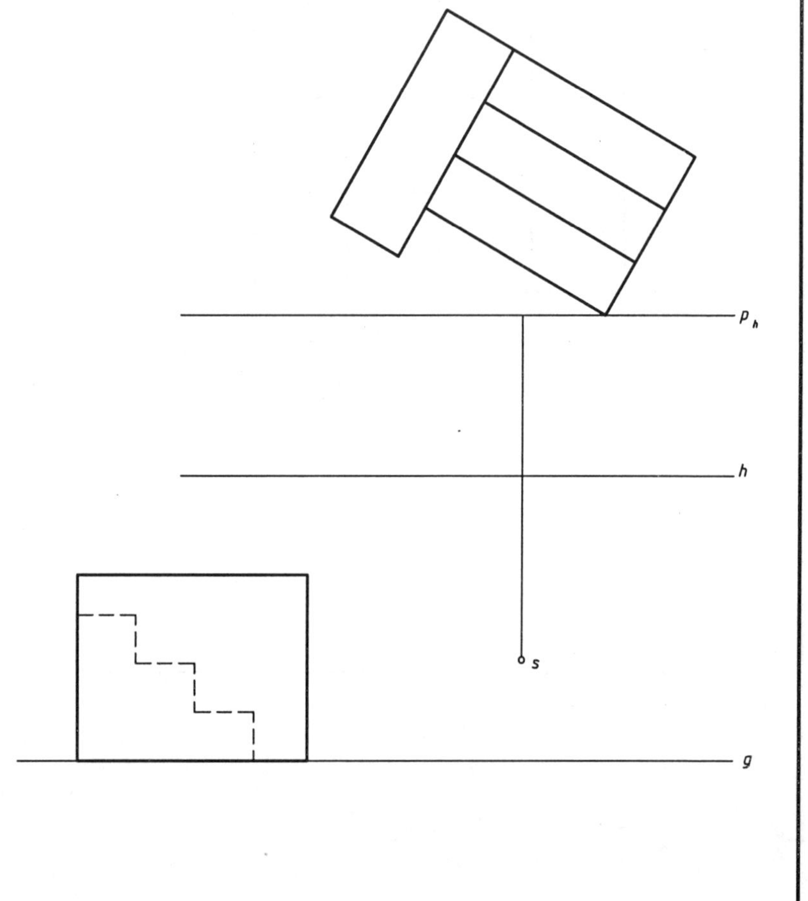

18-12 用建筑师法作建筑形体的两点透视。

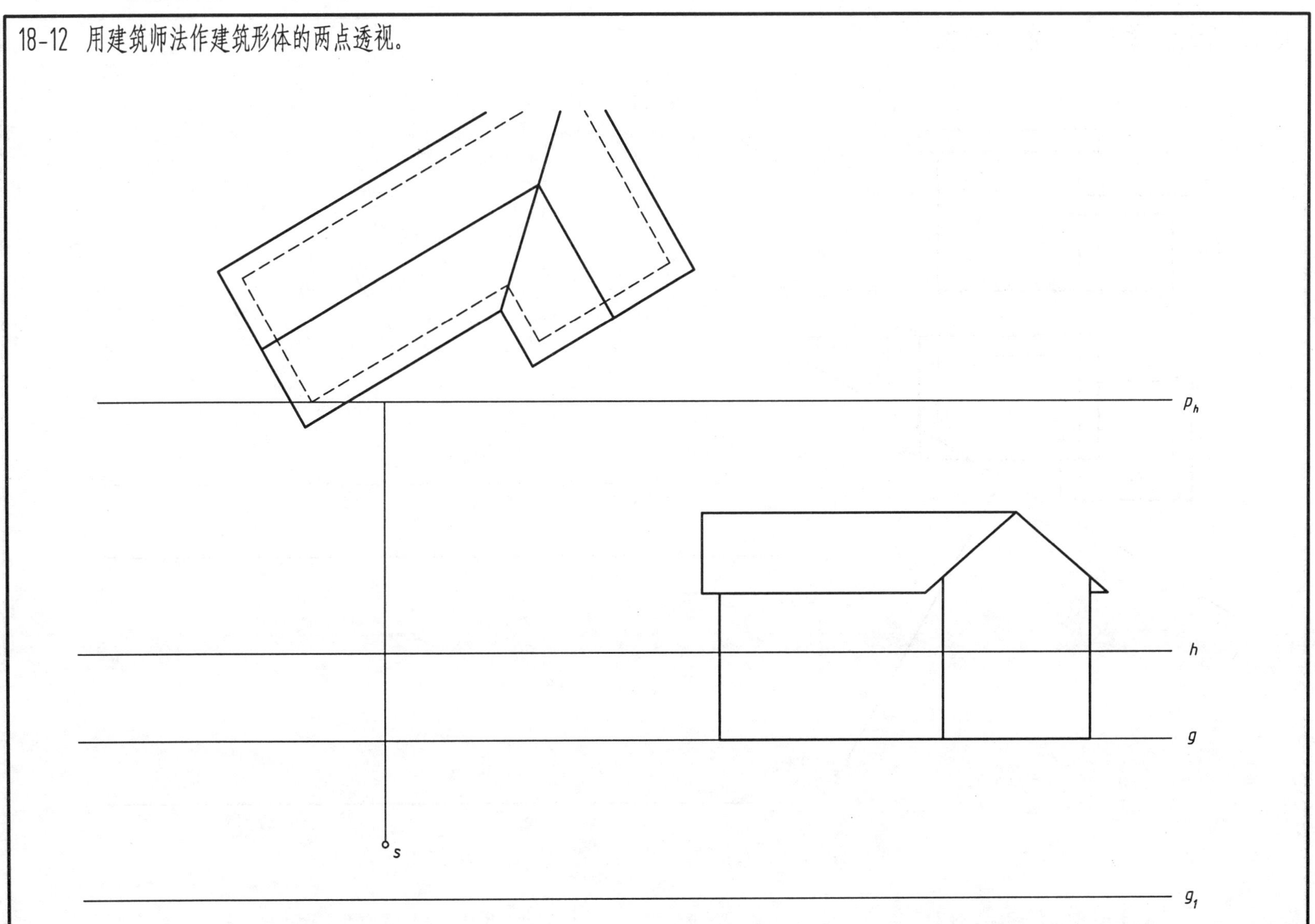

18-13 用量点法放大一倍作房屋的透视。

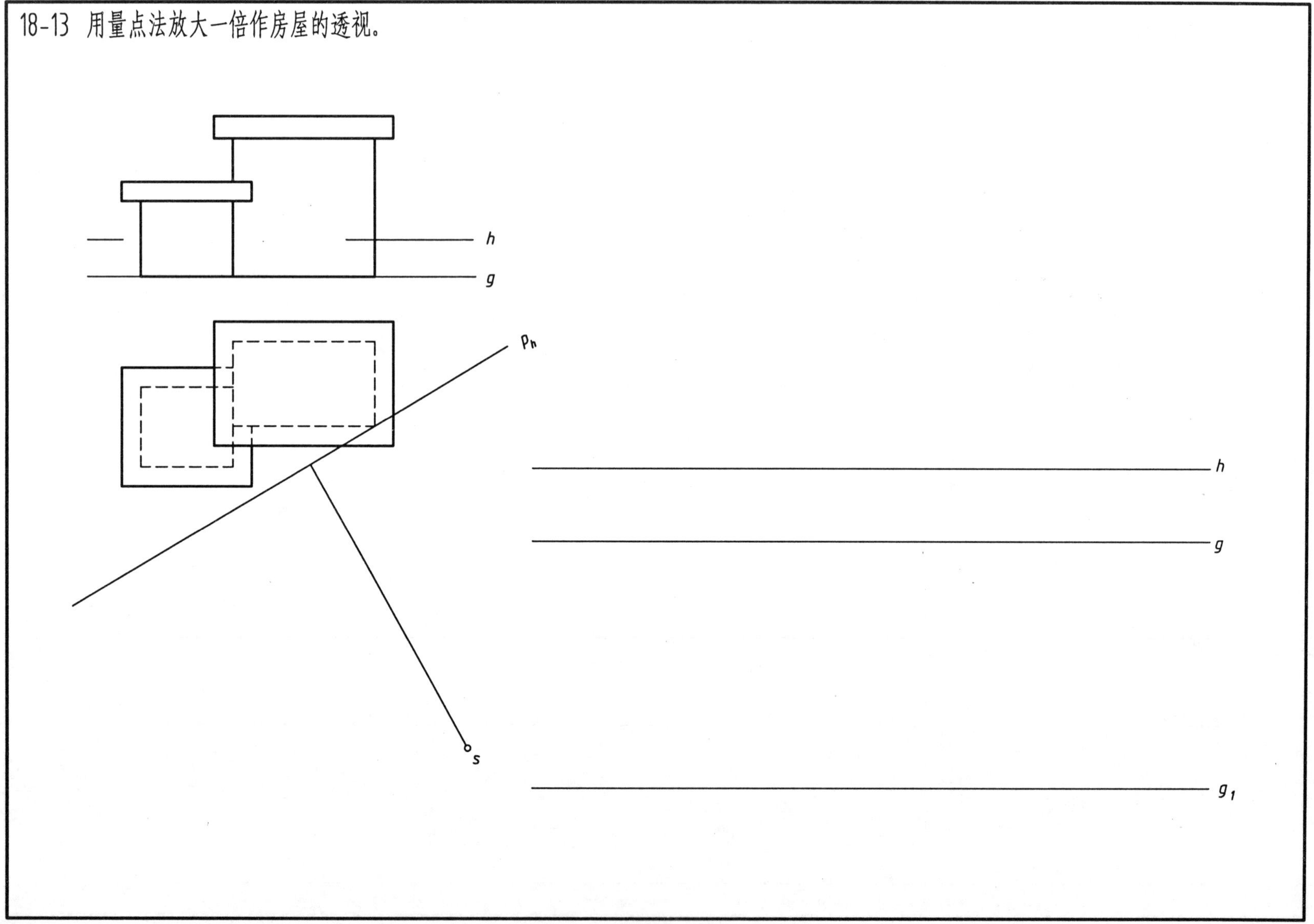

18-14 用网格法放大一倍作建筑群的透视。

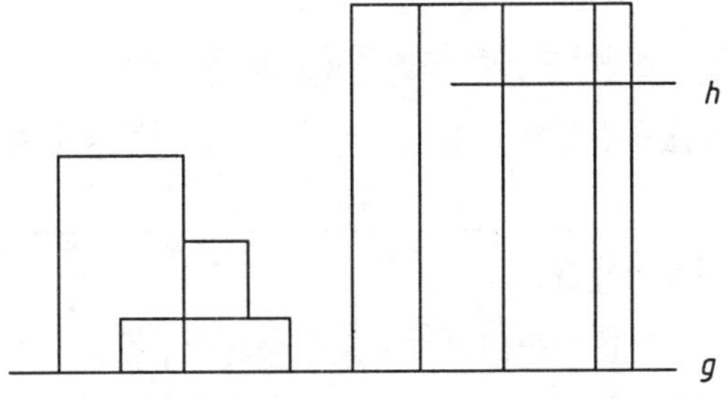

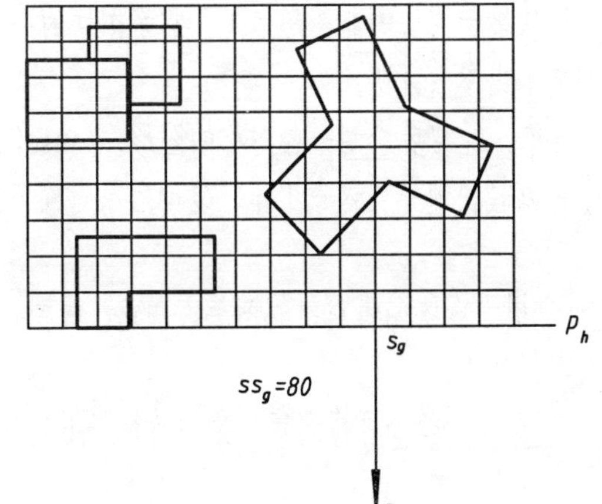

s′
h
g

19-1 填空题。

1. AutoCAD的坐标系统有______________和___________，分别简称为_____和_____。

2. 在精确定位点的位置时，常采用键盘直接输入点的坐标值，一般常用的坐标输入方式有_______、_______和_________3种，但是，为了使绘图更方便，AutoCAD又提供了一种特殊的输入方式，即____________，可以在系统提示下，依次输入程序所需要的坐标点。

3. 在二维绘图时，A点的坐标为"10,20"，若以A点作为特定点，B点的相对坐标为"@8,5"，那么B点的绝对坐标为________；若以B点作为特定点，那么A点的相对坐标为_________。

4. _________是一种由至少两条等长的平行直线构成的线，它可以是开放的，也可以是封闭的，可以是被填充的实心线，也可以是空心的轮廓线。

5. 绘制正多边形时，先输入边数，再选择按边（E）或是按中心点（C）绘图。如果按中心点绘制正多边形，有指定___________和___________两种画法。

6. 要打开"对象捕捉"下拉菜单，除单击鼠标右键外，还必须按住_________键或_______键。

7. 有规则的大批量复制可以用______命令实现，无规则的大批量复制则用_______或_______命令来实现。

8. _____命令能按指定的矢量方向拉伸或缩短对象，此命令只能用______方式选择对象，与窗口相交的对象被_____，位于窗口内的对象被______。

9. 国家标准规定工程图样中的汉字应采用________，在"文字样式"对话框的"宽度比例"中，字体的宽度比应为______。

10. 尽管尺寸标注在类型和外观上多种多样，但绝大多数尺寸标注都由_____________、_____________、________________和___________4部分组成。

11. _______可以把图形中的若干对象组合成一个整体，给它命名并存储为一个整体图形单元。

12. _______是从属于图块的非图形信息，它是图块的一个组成部分，是图块的文本或参数说明。

13. 在绘图过程中，经常要绘制一些对称的图形。AutoCAD提供的_______命令可以轻松地完成这一工作，复制后原对象可保留也可删除。

14. _______命令用于修改编辑对象的图层、颜色、线型、线型比例、线宽和文本特性等。

15. 执行___________命令可将选定对象的特性应用到其他对象上。

19-2 选择题。

1. 在绘图过程中，用户可随时删除一些不用的图层，在下列选项中选取不能被删除的图层。（ ）

A.当前层 B.含有实体的层

C.0层 D.外部引用依赖层

2. 从下列4个选项中选取不能被"拉长"命令修改的对象。（ ）

A.圆弧 B.圆弧角度 C.椭圆 D.闭合的样条曲线

3. 使用"分解"命令可分解下列哪些对象：（ ）

A.单行文字 B.图块和外部参照依赖的块

C.多行文字 D.面域和剖面线

4. 下列对象哪些既可作为修剪边界也可作为被剪实体？（ ）

A.样条曲线 B.带有宽度的多段线

C.射线与构造线 D.视口与视口边框

5. 在下列选项中，可进行倒角处理的对象是（ ）；可进行圆角处理的对象是（ ）。

A.圆弧 B.多边形 C.椭圆弧 D.构造线

6. 使图形在屏幕上最大化显示时，需执行（ ）命令；使图形在所设置的绘图区内最大化显示时，需执行（ ）命令；使图形按指定的区域缩放显示时，需执行（ ）命令。

A.中心缩放 B.窗口缩放 C.全部缩放 D.范围缩放

19-3 绘制下列图形，尺寸自定。

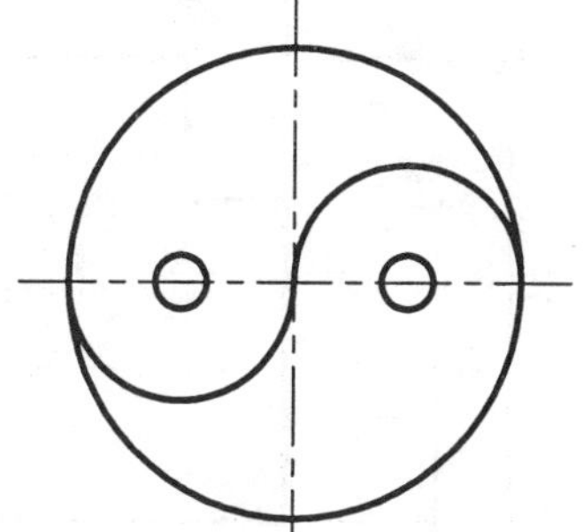

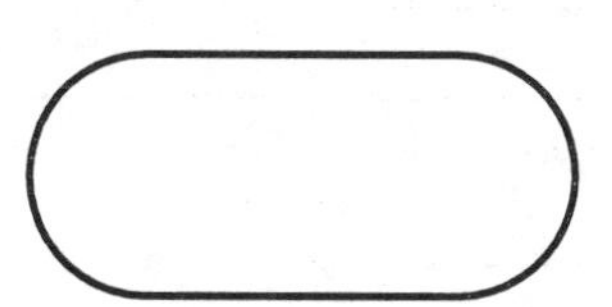

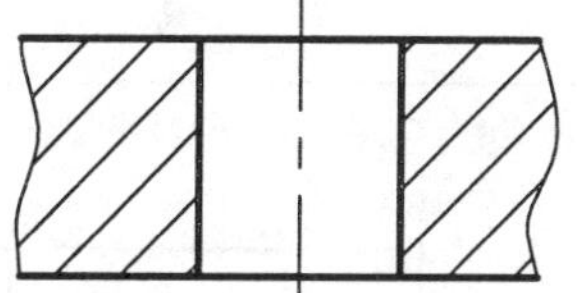

19-4 按1:1绘制以下各平面图形，并标注尺寸。图幅自选。

(1)

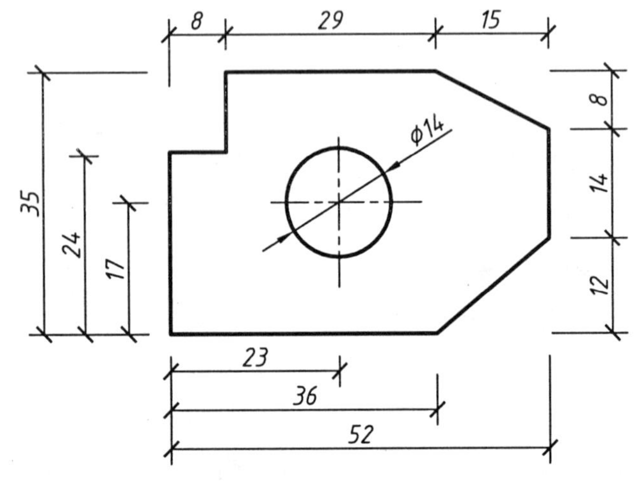

(2)

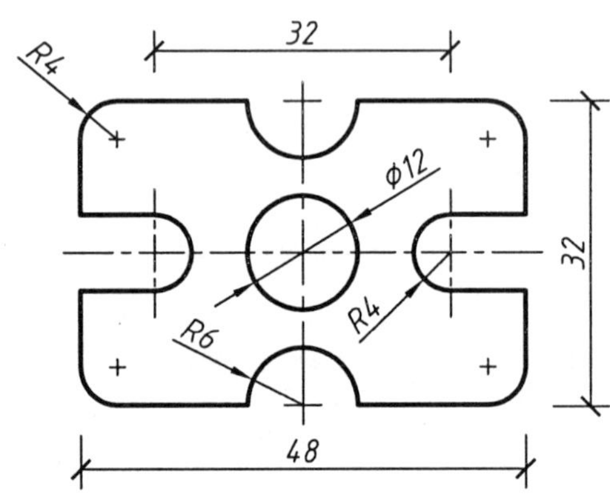

(3)

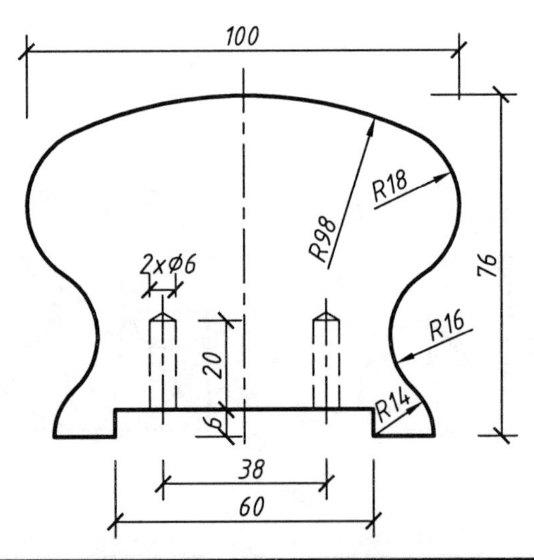

(4)

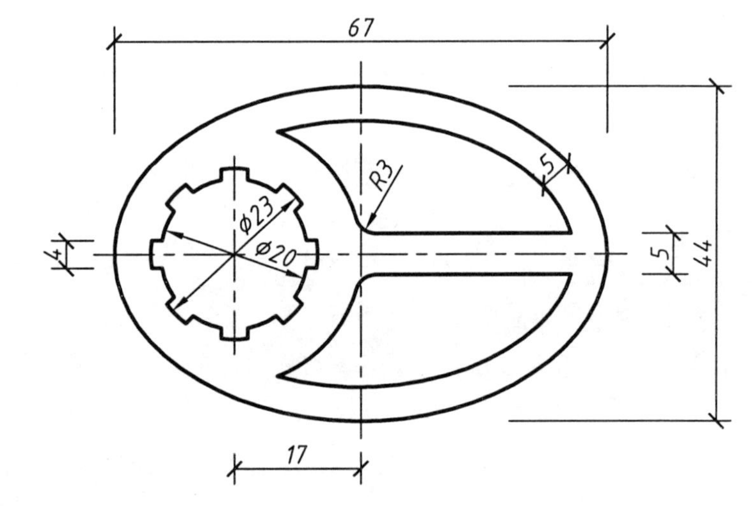

19-5 在A4图幅按1:1绘制以下各平面图形，并标注尺寸。

(1)

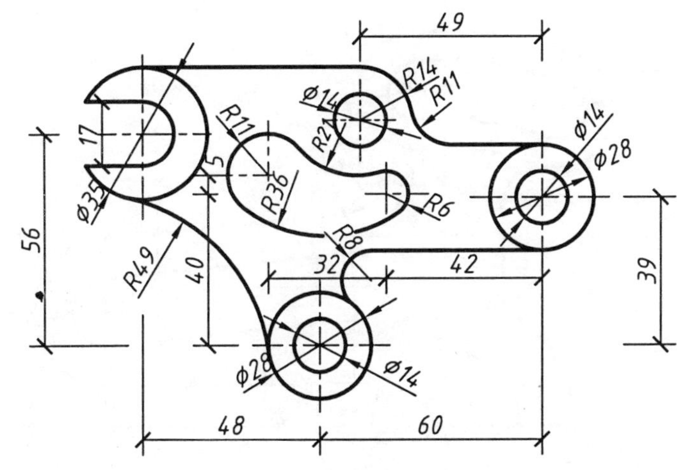

(2)

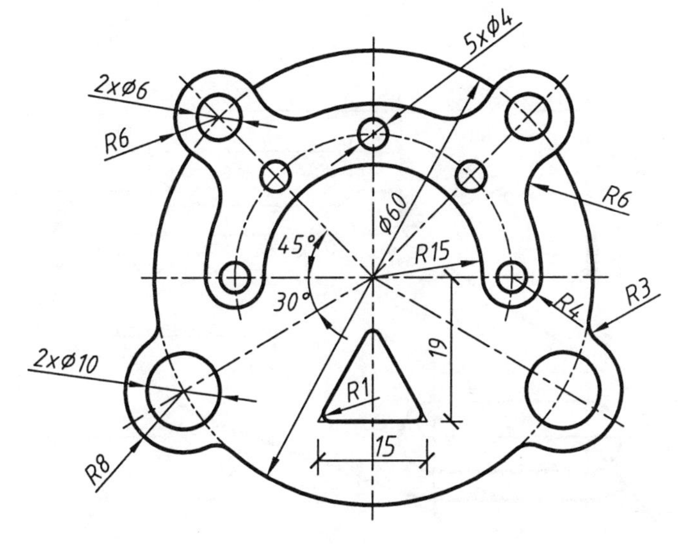

19-6 在A3图幅上按1:2比例绘制以下各平面图形，并标注尺寸。

(1)

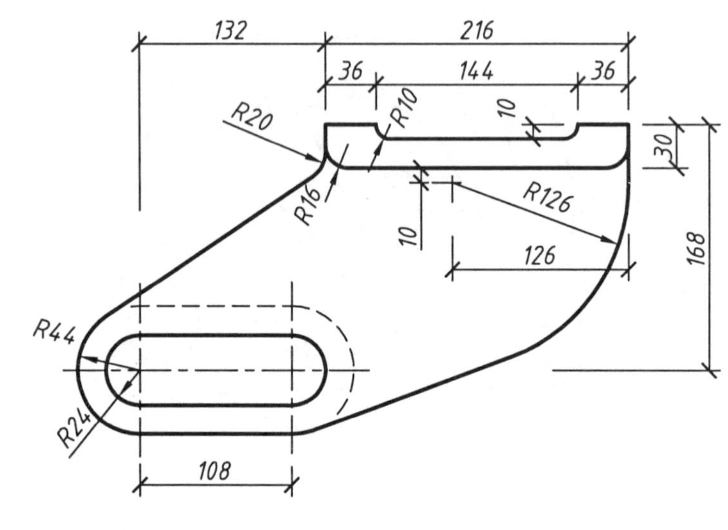

(2)

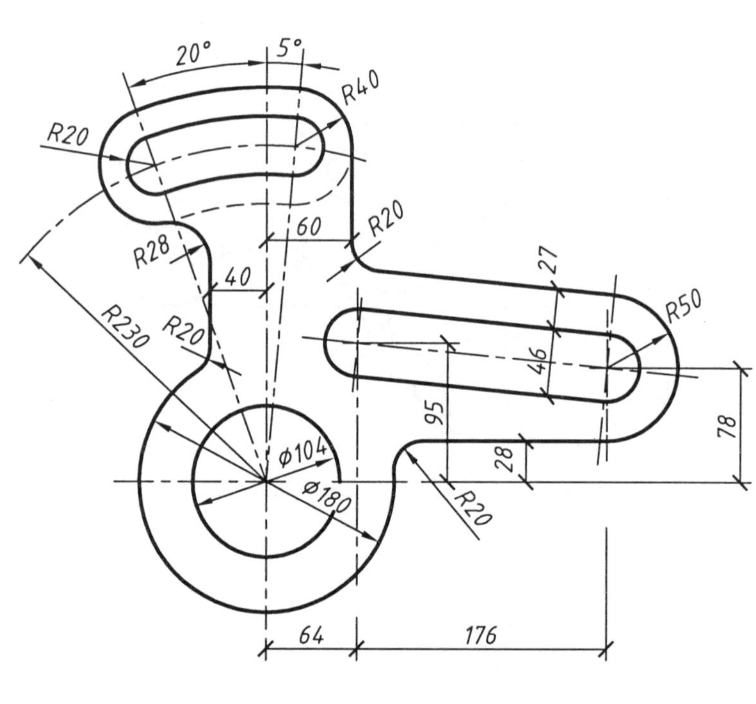

19-7 用1:100比例在A4图幅上抄绘平面图和门窗表。

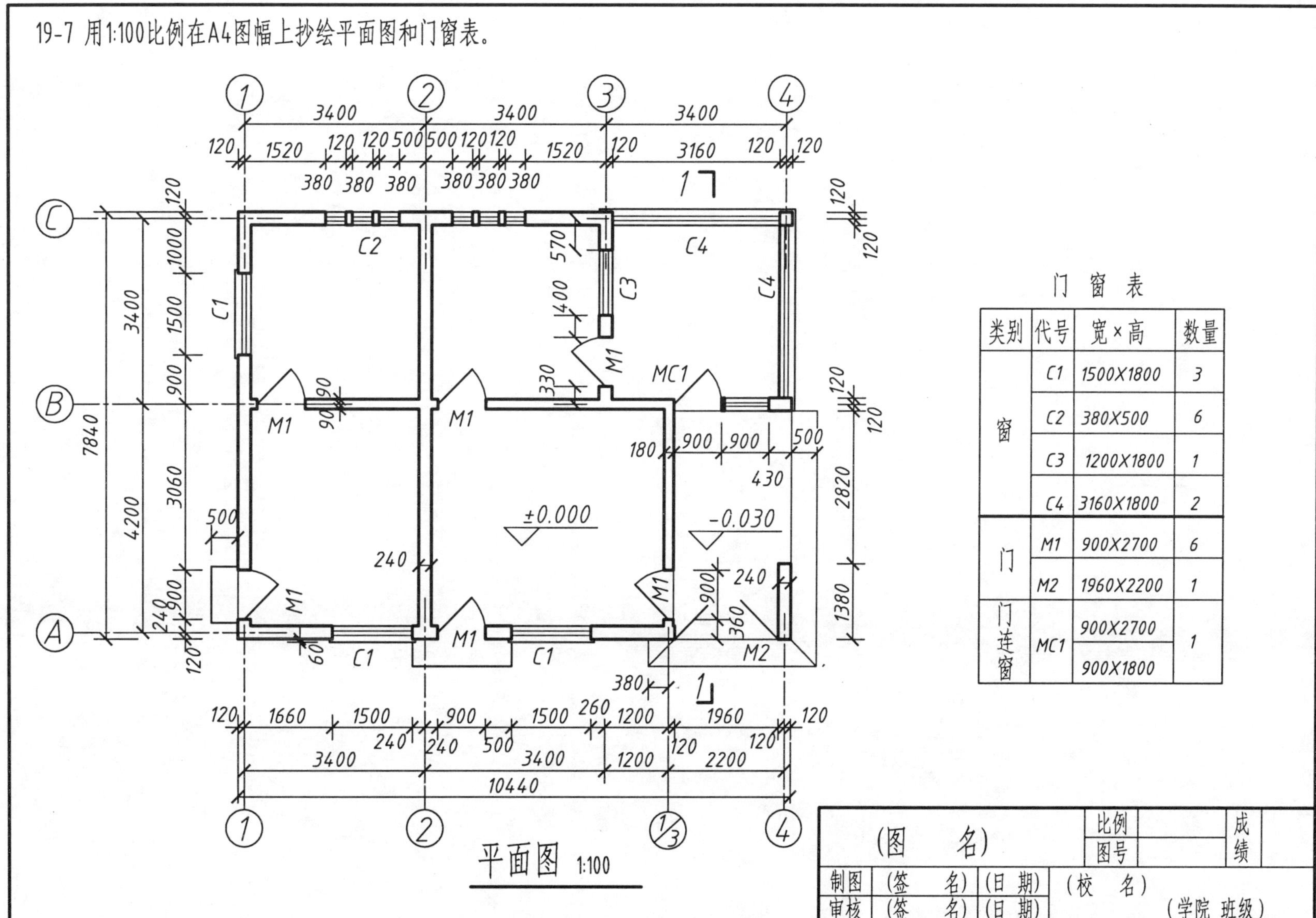

门 窗 表

类别	代号	宽×高	数量
窗	C1	1500X1800	3
	C2	380X500	6
	C3	1200X1800	1
	C4	3160X1800	2
门	M1	900X2700	6
	M2	1960X2200	1
门连窗	MC1	900X2700 900X1800	1

(图 名)	比例		成绩	
	图号			
制图	(签 名)	(日 期)	(校 名)	
审核	(签 名)	(日 期)	(学院 班级)	